한형선 박사의

푸드
닥터

한형선 박사의 푸드닥터

초판 1쇄 발행	2016년 11월 25일
4쇄 발행	2018년 10월 26일
6쇄 발행	2021년 11월 25일

지은이	한형선
펴낸이	황윤억
주간	김순미
편집	최문주, 황인재
디자인	이시은(designdainn)
표지	엔드디자인
마케팅	박진주
사진	양계탁
스튜디오	제이스리빙(J's Living)
푸드스타일링	김언정
촬영 협조	건강뷔페 모든자연 (안양점)

펴낸곳	헬스레터, 한국전통발효아카데미
주소	서울 서초구 남부순환로 333길 36(서초동 1431-1) 해원BD 4층
연락처	전화 02-6120-0258(편집), 02-6120-0259(영업)
	팩스 02-6120-0257	전자우편 gold4271@naver.com
출판등록	제2012-00042호
등록일자	2012년 9월 14일

ISBN 978-89-969505-9-2

홈페이지	www.ktfa.kr
네이버 카페	cafe.naver.com/enzymeschool

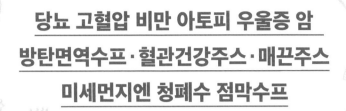

당뇨 고혈압 비만 아토피 우울증 암

방탄면역수프 · 혈관건강주스 · 매끈주스

미세먼지엔 청폐수 점막수프

한형선 박사의

푸드 닥터

| 한형선 지음 |

"환자에게 약을 줄이라는 바보(?) 약사!
'밥상이 약상'이 되는 메디푸드 시대 대중의학서"

- MBC 〈TV특강〉 하현제 PD 추천사 중

헬스레터

" 약국을 찾는 환자들에게 약을 줄이라고 말하는 '바보(?) 약사'가 있다. 한형선 약사는 처방이 장사가 되지 않고 진단이 더 이상 특권이 되지 않는 메디푸드의 시대를 벌써부터 예견한 듯하다. 음식 앞에서 모두가 평등해지고 자연 앞에서 겸허함을 배우는 그의 바보 같은 처방 앞에서 '밥상이 약상'이라는 조상의 지혜를 되새긴다.

MBC 〈TV특강〉 **하현제 PD**

" 건강 프로그램을 만들던 나에게 늘 들었던 의문 한 가지가 있다. 이렇게 몸에 좋은 식품이 많은데, 왜 아픈 사람은 계속 많아지는 걸까? 이에 대한 해답을 제시한 사람이 바로 한형선 약사다. 한형선 약사는 똑같은 음식이라도 내 몸에 맞춤 영양소를 제대로 흡수해 먹을 수 있는 비밀을 알고 있는 분이다. 바로 이 책 속에 그 놀라운 비법이 들어 있다.

MBN 〈천기누설〉 **이나래 작가**

❝ 이 책은 생명이 깃든 음식을 통해 병을 예방하고 다스리는 방법을 알려주는 지침서다. 우리가 일반적으로 접하는 맛에 관련된 음식 책들과는 달리 현대인의 식탁에서 가장 중요한 음식 치유의 효과를 분명하게 밝힘으로써, '음식을 통한 치유'라는 새로운 영역을 상세히 설명해준다. 이 책의 출간을 기뻐하며 강력히 추천한다.

CBS TV 〈아카데미 숲〉 천신용 PD

❝ 동양의 음양론과 서양의 영양학이 만나 덩실덩실 춤을 추고 약학의 장단이 어우러져 한바탕 신명나고 흥겨운 무대가 펼쳐지는 듯하다. 한바탕 춤을 추었는데도 피곤하지 않고 오히려 기운이 넘쳐난다. 은연지중(隱然之中)의 현묘한 원리가 가랑비에 옷 젖듯이 스며든다.

배한호 한의학 박사/한방내과 전문의, 다움한의원 원장

질병의 마침표, 음식 속에 해답이 있다
치유음식 설계,
푸드아키텍쳐(Food Architecture) 개념 도입

'치료(治療)를 너머 치유(治癒)로 가자!'

치료의 영역이 우리 신체에 생겨난 염증이나 암 덩어리 같은 부정적 요소를 제거하는 일이라면, 치유의 영역은 정상세포를 더 건강하게 만들어 병의 원인을 제거하는 일입니다. 빛이 없는 암흑 상태의 어둠은 밝은 빛에 의해서 사라지듯이, 무한한 긍정이 커지면 옳지 못한 부정은 점점 줄어들지요. 긍정을 키우지 않은 상태에서 부정만을 제거하는 것만으로는 불완전 긍정이 될 수 있습니다. 음식치유는 마음의 긍정을 따뜻하게 키우는 일이며, 새로운 음식 습관을 만들어 내는 일입니다.

맑은 물이 들어오면 흙탕물은 없어지지만
들어오는 물이 흙탕물이면
아무리 퍼내도 흙탕물은 사라지지 않습니다.

흙탕물을 퍼내는 일이 치료라면, 우리 몸속으로 들어오는 흙탕물을 맑은 물로 바꾸는 일은 치유입니다. 대부분의 질병(흙탕물)은 유전적 소인(Genetic Factor)의 일부를 제외하면, 나머지는 각자가 그 동안 먹어온 음식물이 가져온 결과입니다. 여기에 마음가짐과 생활습관, 환경 등이 덧붙여져 만들어 놓은 것입니다. 질병을 치유하고 질병이 생기지 않게 하는 건강한 음식, 마음가짐, 생활습관의 기준은 무엇일까요?

'푸드닥터, 음식치유'라는 개념이 대중적으로 생소하던 2016년 11월 《요리하는 한형선 약사의 푸드+닥터》 책이 출간됐습니다. 이에 앞서 2015년 7월 서초동 발효아카데미에서 〈한형선 음식치유학교〉를 개설해 음식 치유에 대한 사회적 반향을 불러 일으켰습니다. 2020년 현재 〈한형선 푸드닥터〉로 개편돼 음식 치유의 새로운 패러다임을 활짝 꽃피웠습니다. 현대인의 질병에 대한 치유 방법을 대중이 쉽게 이해 가능한 약·의학 언어로, 가정에서 실천 가능한 상비약 같은 푸드 지식을 접목하고 있습니다.

《요리하는 한형선 약사의 푸드닥터》는 초판이 나온 이후 많은 환우 분들과 독자들로부터 과분할 정도의 사랑을 받았습니다. '푸드닥터, 음식치유'의 새로운 건강 패러다임이 만들어지고 있는 변화를 느끼고 있습니다. 기원전 약 450년 전, '의학의 아버지'라고 불리던 '히포크라테스'의 명언인 '음식으로 못 고치는 병은 약으로도 못 고친다.'는 말의 진정한 의미를 이 책을 통해 실천하면서, 건강을 회복하고 음식의 중요성을 경험 과학으로 이해하고 있습니다. 음식으로 질병의 힘든 고통에서 벗어나 희망을 이야기하는 많은 분들을 만날 때마다 큰 보람을 느끼기도 하지만, 양어깨가 무거워지는 책임감도 더욱 크게 다가오기도 합니다.

한 개인으로서 저는 많이 부족하지만 함께 공감하는 분들의 숱한 경험과 임상이 더해지면서 부족함이 체계화되고 객관화되고 있음을 확인할 수 있습니다. 결과가 아닌 원인과 근원, 기원을 생각하면서 정답이 아닌 해답을 풀어가는 푸드닥터 이야기를 앞으로도 진행하고 싶습니다.

미세먼지엔 청폐수, 점막수프
초판 레시피 일부 추가, 수정
매끈주스, 방탄면역수프(soup),
혈관건강면역주스 데이터

《한형선 박사의 푸드닥터》 개정 증보판에서는 초판에 소개했던 레시피 일부를 그동안 축적된 임상 사례를 중심으로 수정했습니다. 지난 5년간의 임상 사례들을 추가하거나 수정한 것입니다. 초판의 일부 내용을 경험과학으로 보완했습니다. 방송을 통해 큰 반향을 불러온 피부 건강 주스인 '매끈 주스', 면역 질환에 좋은 '방탄면역수프(soup)', 심혈관 질환 예방에 도움을 주는 '혈관건강면역주스' 등의 데이

터를 추가했습니다.

이와 함께 음식치유 이론의 핵심이라 할 '치유 음식을 설계한다'는 의미의 푸드아키텍쳐(Food Architecture) 원리를 넣었습니다. 제10장(章)으로 '힐(Heal) 푸드아키텍처 이론을 쉽게 이해할 수 있도록 '미세먼지와 음식치유' 방법과 '뼈 건강과 호메오스타시스' 치유식 사례를 소개했습니다. 또 보이는 듯, 보이지 않으면서 건강을 위협하는 미세먼지로부터 건강을 지켜내는 청폐수와 점막수프를 공개했습니다.

'질병의 마침표, 음식 속에 해답이 있다.'는 말의 뜻을 모든 분들이 이해하고 생활화하여 올바른 음식 속에서 자기 자신의 건강을 스스로 돌보고 질병을 예방할 수 있는 좋은 계기가 되기를 간절히 기도합니다. 음식의 중요성이 모든 분들에게 일상 속으로 다가갈 수 있게 안내하고, 등불을 밝히는 데 최선을 다할 것을 새해 아침에 다짐해 봅니다.

2020년 1월 1일 새해 아침
충주 남한강을 바라보며
한국푸드닥터연구원장 한형선 박사

음식이 약이 되게 하는
푸드슈티컬의 비밀
(Foodceutical)

'나는 정말 행복한 약사다!'

바보처럼 혼자서 자주 하는 생각이다.

약사가 되어 정말 많은 환자를 만나왔다. 환자 중에는 감기나 두통, 소화불량처럼 일시적으로 불편을 겪는 분들도 있지만, 치료 방법이 없는 난치성 질환자나 생사의 갈림길에서 고통받는 환자들이 특히 많았다.

투병할 여력조차 없이 온몸이 무너져 내리고 있는 말기 암 환자, 온몸에서 나오는 냉기로 한여름에도 두꺼운 옷을 껴입고서도 담요를 두르고 상담하던 환자, 대변을 볼 때마다 출산의 고통보다 더 심한 통증을 느낀다고 울면서 호소하던 기능성 복통 환자, 성장 과정에서 어머니에 대한 분노와 원망이 상처로 남아 전신을 칼로

찌르는 것 같은 통증을 느끼던 젊은 여성, 피부가 저절로 떨어지는 표피 박리증으로 전신을 붕대로 감고 살아가는 어린아이, 피부에 수분 저장 능력이 없어 하루 15시간 이상을 물속에서 생활하는 분…….

이들을 만나며 '내가 할 수 있는 일이 무엇일까?', '과연 최선을 다한다는 것이 무슨 뜻일까?' 등등 스스로에게 수없이 질문을 던졌다. 정답이 없어 아무런 이야기도 해줄 수 없는 분들을 위해 해답을 찾아가는 과정을 이야기하고 싶었다. 낯설고 막막한 숲에서는 나무가 아닌 숲을 볼 수 있어야 길을 잃지 않고 잘 헤쳐나갈 수 있기 때문이다.

난치성 질병 대부분의 원인과 해법은 음식이나 마음과 관련이 있다. 이는 약학을 전공한 내가 음식을 요리하고 마음을 이야기하는 약사가 된 까닭이기도 하다. 수많은 환자들을 만나며 해결되지 않는 물음에 답을 찾고자 수년 동안 책장을 넘기고 스승과 멘토를 찾아다니며 깨달은 사실이다. 여전히 환자를 만나면 약보다 음식과 마음에 관한 이야기를 주로 나눈다. 그러면서 어느새 나는 약을 권하지 않는 '바보 약사'가 되었다. 하지만 그 빈자리에 행복이 채워지기 시작했고, 지금은 바보가 아닌 정말 행복한 약사가 되었다고 감히 말할 수 있다.

그렇다면 정말로 음식으로 질병을 치료할 수 있을까?

몇 년 전 '영양'을 뜻하는 '뉴트리션(Nutrition)'과 '약'을 뜻하는 '파마슈티컬(Pharmaceutical)'을 합하여 영양이 약이 되게 한다는 의미의 '뉴트라슈티컬(Nutraceutical)'이라는 신조어가 생겨났다. 약만으로는 부족한 질병의 예방과 치료에 식품의 영양을 활용한다는 새로운 관점, 발상의 전환이었다. 하지만 뉴트라슈티컬도 식품에서 특정한 성분만 추출한 건강 식품이라는 점에서 장기간 과다 복용 시 부작용이 우려되는 한계가 있다.

나는 여기서 한 걸음 더 나아가 '음식(Food)' 자체가 '약(Pharmaceutical)'이 되어야 한다는 뜻의 '푸드파마슈티컬(Food Pharmaceutical)', 줄여서 '푸드슈티컬(Foodceutical)'을 제안했다.

고기를 주는 것보다 고기 잡는 법을 가르치는 것이 현명한 일이다. 음식 치유는 우리 몸이 자연으로부터 필요한 것을 스스로 받아들이도록 습관화함으로써, 스스로 생명 활동을 회복하게 하는 치유법이다. 실제로 음식 치유 이론은 수많은 임상 속에서 효과가 입증되고 있으며 그 결과에 대해 많은 이들이 놀라워하고 있다.

어떻게 하면 음식 재료가 가지고 있는 치유 성분을 효과적으로 섭취하고 흡수하게 할 수 있을까? 어떻게 하면 우리 몸에 들어온 음식의 영양 성분을 활성화해서 화학적으로 만든 약 이상의 수준으로 약리 작용이 나타나게 할 수 있을까? 이러한 주제에 대한 고민의 결과가 바로 푸드슈티컬의 원리로 결집되었다.

음식이 약이 되게 하는 기술, 푸드슈티컬이란 무엇일까?

첫째, 자연 변화의 원리와 음식 재료의 특성을 익히는 기술이다.
음식의 재료가 되는 식물들이 햇빛의 양이나 온도, 습도, 기후 등 자연환경에 어떻게 적응해가면서 살아가는지를 이해하고, 어떤 유효 성분이 우리 몸에 작용하는지 이해함으로써 음식이 약이 되게 할 수 있다.

둘째, 음식으로 장을 건강하게 만들고 훈련하는 기술이다.

장은 우리가 섭취한 음식이 실제 몸 안으로 흡수되는 곳이다. 몸속 면역 세포의 70% 이상이 이곳 장 점막에서 활동하고 있다. 장 점막을 튼튼하게 하고, 스스로 필요한 것을 흡수할 수 있도록 좋은 장 습관을 들이는 것이 매우 중요하다.

셋째, 장내 미생물총을 회복시키는 음식 기술이다.

우리 몸에는 약 1만 종 100조 개 정도 되는 미생물이 살고 있다. 그중에서도 미생물들이 군락을 이루며 살고 있는 곳이 바로 장이다. 미생물총은 장 건강뿐만 아니라 인체 생명 활동에 중요한 역할을 담당한다. 질병 회복을 위해 가장 중요한 요소 중 하나가 바로 유익 미생물의 회복이며, 이는 음식 치유의 핵심이다.

넷째, 부족한 영양을 정상화하는 기술이다.

탄수화물, 지방, 단백질 말고도 비록 양은 적지만 우리 몸에서 꼭 필요한 일을 하는 미량 영양소들이 있다. 바로 면역력 증가, 손상된 DNA 치료, 인체 내 신진대사 등에 꼭 필요한 미네랄, 효소, 콜라겐, 복합당, 섬유소, 오메가-3, 키토산, 유기산 등이다. 푸드슈티컬은 이들 일꾼 영양소를 정상화한다.

다섯째, 망가진 세포를 건강한 세포로 복원할 수 있는 기술이다.

세포가 건강하면 자연 치유력이 회복되고 우리 몸이 건강해진다. 모든 생명체의 생명 작용의 근원은 바로 태양 에너지다. 이를 저장한 식물의 엽록소, 갯벌 음식, 복합당 등을 적절하게 섭취해 매일 새롭고 건강한 세포가 태어날 수 있도록 한다.

여섯째, 마음 다스리는 방법을 익히는 기술이다.

아무리 뜨거운 햇볕도 마음에 얼어붙은 응어리는 녹여낼 수 없다. 용서하고 감사하는 마음은 굳게 닫힌 세포의 문을 열게 하고, 과거의 찌꺼기를 내보냄으로써 질병 회복에 탄력성을 부여한다.

세포를 건강하게 만드는 음식, 병들고 힘들어하는 세포를 일어나게 할 수 있는 음식, 푸드슈티컬의 핵심 이론을 담은 '세포죽'은 이렇게 해서 탄생했다. 세포죽은 특정한 제품을 뜻하는 상품명이 아니다. 음식의 흡수율을 높이고 유효 성분을 활성화하는 푸드슈티컬의 원리가 담긴 '치유 음식'을 뜻하는 말이다.

이 책은 우리가 매일 섭취하는 음식으로 질병을 예방하고 치료할 수 있도록 안내하는 데 목적이 있다. 홍수처럼 넘치는 정보의 바다에 물 한 컵 더 붓는 식으로 단순히 어떤 음식이 어디에 좋다는 이야기를 하려는 것이 아니다. 음식이 약이 되는 이유와 원리, 그리고 그 구체적인 방법을 설명하고자 했다.

낯선 길을 갈 때 때마침 나타나는 이정표의 도움으로 목적지까지 올바로 갈 수 있듯이, 약사의 길을 걸으면서 올바로 건강을 안내하는 이정표 같은 사람이 되고자 했다. 많은 약을 복용하지만 건강을 회복하지 못하고 고생하는 많은 분들을 생각하며 그동안의 임상 결과 중심으로 책을 집필했다. 비록 부족하지만, 독자들이 이 책을 통해 음식 치유에 대한 궁금증을 해소하고 스스로 건강을 회복하는 방법을 익힐 수 있기를 기대한다.

"잘못된 음식은 질병을 만들지만, 생명이 깃든 음식은 질병의 마침표를 찍게 한다." 이처럼 올바른 음식 섭취와 마음가짐은 스스로를 치유하는 능력을 회복시키는 가장 자연스럽고 핵심적인 일이다.

"보이는 것을 믿는 것이 아니라 믿는 만큼 보인다." 믿어지지 않더라도 한번 실천해보시기 바란다. 정말 놀라운 경험을 하게 될 것이다.

남다른 이 길을 향해 출발할 때, 또 중간중간 갈림길을 만날 때마다 아들 도규와 아내 권하 씨가 함께했다. 많은 임상 사례를 만들고 계신 NTF 푸드파마 자연치유 의학회 박석하 회장님과 회원 여러분께도 감사 인사 드린다. MBC 〈TV특강〉 하현제 PD님과 세포죽 이야기를 세상에 소개해준 MBN 〈천기누설〉팀 모두 다 고마운 분들로, 감사 인사를 드린다.

2016년 10월

약사 한형선

CONTENTS

17

한형선 박사의
푸드닥터 노트

1장

음식을
처방하는 약사

01
약보다 음식이 먼저다

나는 다소 늦은 나이에 약학을 공부하고 약사가 되었다. 처음 몇 년 동안은 약에 대한 강한 신뢰와 믿음으로 환자들을 만났다. 하지만 시간이 지날수록 약이 가지고 있는 효능 외에도 한계와 부작용을 고민하게 되었다.

음식이 약이 되는 이유

임상에서 만난 많은 환자들은 잘못된 식습관과 생활 습관으로 인해 생긴 질병으로 고통받고 있었다. 그러나 막상 치료 과정에서는 병의 원인이 되는 음식 습관이나 생활은 그대로인 채 약에만 의존하는 경향을 보였다. 약을 먹으면서 잠시 좋아지는 것 같다가도 병이 재발하는가 하면, 난치병의 경우 근본적인 치료가 이루어지지 않아 오랜 기간 병마와 싸워야 하는 경우도 자주 보았다. 내가 약사이면서도 음식에 대해 많은 공부를 하게 된 이유다.

결국 나는 사람들에게 음식을 처방하는 약사가 되었다. 음식 치유의 기본 원리와 임상 경험을 바탕으로 나만의 음식 치유법을 만들었고, 지금은 '요리하는 약사'라는 이름으로 많은 환자들을 만나고 있다.

그렇다고 하여 내가 현대 의학과 약의 역할을 아예 부정하는 것은 아니다. 전염성 질병을 항생제로 퇴치하고 최첨단 정밀 검사로 몸속 깊은 곳에 숨어 있는 병을 찾아낼 수 있게 된 것은 현대 의학과 과학의 발전 덕분이다. 죽음을 앞둔 환자가 수술로 기사회생하고 생명을 연장할 수 있는 것은 현대 의학의 위대한 업적이라 할 만하다.

약과 음식을 이렇게 설명해보면 어떨까? 평소 안전지대에서 생활하다가 어느 날 낭떠러지로 떨어지게 되었다고 하자. 어쩌다 음식 습관이나 생활 습관을 잘못 들인 탓에 병에 걸리고 만 것이다. 다행히 낭떠러지 아래 그물망이 받치고 있었다. 바로 현대 의학과 의약품이다. 이 그물망 덕분에 위급한 병중의 상황에서 위기를 넘길 수 있었다. 이마저 없던 시절에는 아마 낭떠러지에서 떨어져 생을 마감하거나, 건강을 잃고 병든 몸으로 고생을 하면서 살아갔을 것이다.

절벽에 매달린 채로 계속 살아갈 수 없기에 절벽 위 안전한 지대로 다시 올라가야만 한다. 그물망이 받쳐줬다고 해서 곧바로 안전지대로 돌아갈 수 있는 것은 아니다. 다시 건강해지는 일은 수술이나 약만으로는 가능하지가 않다. 평소 내가 어떤 음식을 먹고 어떤 생활 습관으로 하루하루를 살아가느냐에 따라 회복 가능성이 달라지기 때문이다. 건강한 삶은 올바른 식습관과 생활 습관에 달려 있다고 해도 과언이 아니다.

식약동원,
음식과 약의
근본이 같다

> "음식으로 고치지 못하는 병은 의사도 고치지 못한다." _히포크라테스
> "병이 났을 때는 약보다 우선 음식으로 다스려야 함이 마땅하다." _허준

이것은 나의 이야기가 아니다. 서양 의학의 아버지라 불리는 히포크라테스와 《동의보감》을 쓴 허준 선생이 한 말씀이다. 두 거성이 모두 한 목소리로 병 앞에 음식의 중요성을 강조했다.

인도 전통 의학인 아유르베다에도 "잘못된 음식 섭취를 계속한다면 약이 소용없다"는 뜻의 이야기가 적혀 있다. 동양의 한의학도 '식약동원(食藥同源)'이라 하여 "음식과 약의 근본이 같다"고 보았다.

물론 생명이 위급한 응급 상황에서 대증요법으로 증상을 완화하는

치료에는 현대 의학과 의약품의 도움이 반드시 필요하다. 그러나 고혈압, 당뇨처럼 잘못된 식습관과 생활 습관에서 오는 만성 질환이나 난치성 질환의 경우 대증요법만으로는 치료 효과를 얻기 어렵다. 더구나 치료를 위해 복용한 약이 오히려 자연 치유의 힘을 방해할 우려가 많다.

사실 의약품은 대부분 자연에 존재하는 여러 종류의 천연 재료나 식재료로부터 유용한 물질을 찾아내어 특화한 것이다. 기업의 이윤과 특허 문제 때문에 이를 화학적으로 합성하여 의약품으로 개발하여 사용하고 있는 것이다.

이렇게 만들어진 의약품은 질병의 증상을 완화하거나 억제하는 기능은 뛰어나다. 그러나 근본적으로 질병을 치료하고 건강을 지키는 데에는 한계가 있다. 오히려 심각한 부작용을 초래하여 건강을 해치는 경우가 종종 있다.

우리 몸 안에 '진짜 의사'

고무줄을 늘였다 놓으면 제자리로 되돌아가듯이 우리 몸은 생명 활동이 계속되는 한 끊임없이 스스로 균형을 잡고 원래 상태로 되돌아가려는 작용을 한다. 항상성(恒常性), 영어로는 호메오스타시스(Homeostasis)라고 한다.

이 말은 인체가 스스로 균형을 찾으며 건강한 상태를 만들어가는 생명 활동을 뜻한다. 그러니 몸이 아프면 우리가 해야 할 일은 바로 몸을 믿고 스스로 생명 활동을 할 수 있도록 돕는 일이다. 이 항상성이 바로 우리 몸 안에 있는 '진짜 의사'라 할 수 있다.

이처럼 몸 안에 있는 '진짜 의사'를 불러내어 질병을 치료하는 것이 가장 자연스러운 치유의 원리다. 이를 위해서는 약이 아니라 생명이 깃든 음식을 섭취하고 건강한 습관을 들이는 것이 중요하다.

음식은 단지 약의 보조제가 아니다. 오히려 자리가 바뀌어야 한다. 우리가 알고 있는 약은 음식이라는 '진짜 약'이 효과를 발휘할 수 있을 때까지 보조해주는 역할이면 충분하다. 정말 건강한 삶의 안전지대로 들어가기를 원한다면 매일 내가 먹는 음식을 약이라 생각하고 귀하게 여기는 태도가 필요하다.

내가 먹은 음식이
내 몸을 만든다

현대 의학과 과학의 발전에도 불구하고 고혈압, 당뇨, 암, 아토피, 치매, 자가 면역 질환 등 난치성 질환들이 더 증가하고 있다. 이러한 질병들은 대부분 식생활이나 생활 습관이 원인이다. 멧돼지를 잡기 위해 설치해놓은 올가미에 내가 걸렸다면 얼마나 안타까울까? 좋아서 먹던 식습관 때문에 내 몸에 병이 생겼다면 이는 '습관의 역습'이라 할 만하다.

내가 매일 먹는 음식이 내 몸을 만든다. 지금의 내 모습은 최소한 지난 2년 동안 내가 먹어온 음식의 결과물이라고 보면 된다. 나쁜 음식을 먹으면 병이 생기고, 생명이 깃든 올바른 음식을 먹으면 질병이 없어지고 건강해진다.
미국을 비롯한 서구의 많은 나라에서도 현대병을 생활 습관병이라 하여 올바른 식생활 관리를 통한 근본적인 질병 치료를 위해 노력하고 있다. 생활 습관병의 핵심은 식습관이다. 바로 우리가 섭취하는 음식물에 들어 있는 영양소의 불균형과 부족, 독성 물질의 축적으로 인한 혈액의 오염이 질병을 일으키는 주요한 원인이라고 보는 것이다.

최근에는 푸드(Food)가 약을 뜻하는 파마슈티컬(Pharmaceutical)을 만나 '음식이 약이 되게 한다는 뜻'의 푸드파마슈티컬(Food Pharmaceutical)이라는 새로운 말을 만들었다. 또 푸드(Food)가 의사를 뜻하는 닥터(Doctor)를 만나 '음식으로 치료하는 의사' 푸드닥터(FoodDoctor)라는 직업을 만들어냈다.
푸드닥터는 10년 뒤 가장 유망한 분야로 예상된다. 음식을 통해 부작용 없이 근본적으로 건강을 지키고 질병을 치료하고자 하는 바람이 만들어낸 신조어이자 새로운 직업이라 할 수 있다.

음식을 통한 질병의 치료는 이미 세계적으로 커다란 흐름이 되고 있다.

02
음식이
약이 되는 원리

식물의
생존 전략

　　동물들은 더우면 시원한 곳으로, 추우면 따뜻한 곳으로 몸을 피해 움직일 수 있다. 그러나 식물은 태어난 자리에서 꼼짝없이 자라야 한다. 햇빛의 양이나 온도, 기후, 바람, 습도 등이 각기 다른 환경에서 각자 주어진 조건에 적응하면서 생존해야 하는 것이 식물들의 운명이다. 이렇듯 주어진 자연환경에 적응하면서 살아가는 식물들은 스스로 살아남기 위한 나름의 생존 기술들을 가지고 있다. 이러한 고유의 생존 전략이 식물의 특성이 되고 이러한 특성이 우리 몸에 들어와 약으로 작용하기도 한다.

　　음식이 약이 되는 원리는 사실상 자연의 원리 속에 있다. 음식의 재료가 되는 식물들의 특성을 알면 우리 주변에서 흔히 볼 수 있는 평범한 식재료들이 어떻게 약으로 우리 몸에 작용하는지 치유의 원리를 이해할 수 있다.

사막에 사는 알로에의 특성

먼저 사막에 사는 알로에의 생존 전략을 알아보자. 사막은 물이 없고 햇볕이 뜨거운 지역이다. 그래서 사막에 사는 알로에와 선인장 같은 식물은 물을 저장하는 능력이 없이는 살 수가 없다. 또 뜨거운 태양열로부터 자신을 보호하기 위해서 차가운 성질을 지니고 있다. 자체적으로 자외선을 차단하는 성분을 만들어내기도 한다. 이러한 사실들을 통해 우리는 알로에가 수분 저장 능력이 뛰어나고 햇볕에 강한 식물이라는 것을 알 수 있다.

이러한 특성을 지닌 알로에는 속에 열이 많고 수분이 부족하여 만성 변비증을 보이는 사람에게 도움이 된다. 단, 장이 냉하여 묽은 변을 누거나 설사를 하는 사람에게는 장을 차갑게 만들어 좋지 않으니 주의가 필요하다. 화상이나 햇볕에 탄 피부를 진정시키고 자외선을 차단하는 치료에도 사용할 수 있다. 멜라닌 색소를 억제하여 미백 효과가 좋고 보습 효과도 뛰어나다.

알로에의 효능

건조하고 물이 부족한 지역에서 자라는 알로에는 수분을 저장하고 열을 식히는 차가운 성질을 가지고 있다. 열이 많은 사람들의 변비나 햇볕에 그을려 들뜬 피부의 진정에 도움이 된다.

습한 기운을 내보내는 버섯

버섯은 주로 햇빛이 들지 않고 축축한 곳에서 잘 자란다. 만져보면 부드럽고 축축하다. 하지만 햇볕에 내놓으면 나무토막처럼 딱딱해지고 곧 부서질 듯이 금방 말라버린다. 다른 식물보다 훨씬 빨리 건조되는 것을 알 수 있다. 이는 바로 버섯이 축축한 주변 환경에 적응하기 위해 끊임없이 습한 기운을 바깥으로 버리는 본성을 지니고 있기 때문이다.

겉모습만 본다면 촉촉한 성질로 보이지만, 버섯의 진짜 본성은 습한 기운을 없애고 건조해지려는 성질이라 할 수 있다. 이러한 특성 때

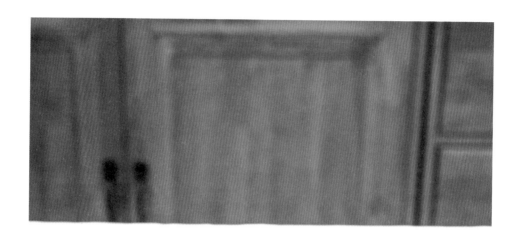

버섯의 효능

보드랍고 촉촉한 버섯은 주로 습한 지역에서 자란다. 항암 작용이 높은 베타글루칸과 아미노산, 미네랄 등이 풍부하여 고혈압, 당뇨, 동맥경화 등 각종 성인병 치료에 좋다.

문에 버섯은 몸에 습한 기운이 많고 비만한 사람이나 다이어트를 하고자 하는 사람에게 효과적이다. 장마철이나 습도가 높아 불쾌지수가 높은 날, 몸이 묵직하고 처질 때 버섯으로 만든 요리를 생각했다면 이미 건강을 향한 지혜의 문이 열리기 시작한 것이다. 겉모습만으로 버섯의 특성을 판단했다면 어떨까? 아마도 버섯을 올바르게 이용할 수 없었을 것이다.

막힌 것을 뚫는 미나리

이번에는 미나리를 살펴보자. 미나리와 연근처럼 물가에서 자라나는 식물들은 물을 버리는 능력이 뛰어나다. 물을 적게 저장하기 위해 속이 비어 있으며 물을 자꾸 내보내는 작용을 한다. 그러니 물만 먹어도 몸이 붓거나 소변을 봐도 시원하지 않은 사람들의 증상을 개선하는 데 미나리를 이용하면 도움이 된다.

차가운 물속에서 사는 식물들은 대체로 자신을 따뜻하게 만들기 위한 정유 성분을 많이 가지고 있다. 이 때문에 몸이 냉한 사람이나 어혈이 많아 순환 장애가 있는 사람들이 미나리를 먹으면 도움이 된다. 매운탕을 끓일 때 미나리를 넣으면 국물 맛이 더 시원하게 느껴지고 먹고 나서 땀이 잘 나는 것도 바로 미나리가 가지고 있는 이러한 성질 때문이라 생각하면 이해하기 쉽다.

미나리의 효능

대표적인 수생식물. 간에 쌓인 독소를 배출하는 작용이 뛰어나 간 기능 개선, 숙취와 구토 완화 등에 효과가 있고, 해열, 혈압 강하, 배에 물이 차는 복수나 부종을 없애는 데 효과가 있다.

미나리처럼 물가에서 자라는 식물들은 대개 동적이고 에너지가 활발한 남성적인 특징을 갖는다. 이러한 남성적 특징 중 또 하나는 바로 막힌 것을 뚫으려는 성질이다. 물가에 사는 버드나무도 이 같은 특징을 지니고 있다.

버드나무에서 온 아스피린

옛날 우리 선조들은 버드나무 잎을 늘 갖추어두고 몸살 초기에 차로 마시거나 끓인 물로 입을 헹구어 치주염 치료에 사용했다. 또한 이순신 장군이 1572년 무과 시험을 치르던 중 다리가 부러지는 부상을 입었는데 이때 버드나무 껍질을 벗겨 다친 다리를 싸매고 시험을 마쳤다는 일화가 전해지기도 한다.

실제 버드나무 껍질에는 땀을 잘 나오게 해서 열을 내리고 염증을 치료하는 데 효과가 있는 성분이 포함되어 있다. 덩어리진 피(어혈)를 없애 혈액을 맑게 하는 작용도 한다.

우리가 해열진통제나 항염증, 항류머티즘 약으로 흔히 사용하는 약 아스피린은 바로 이 버드나무에서 추출한 성분을 화학적으로 개발하여 만든 약품이다. 혈전을 용해하는 기능 때문에 심장병이나 뇌졸중 예방약으로 사용되기도 한다.

'버드나무 가지'를 한자로 버들 유(柳) 자를 써서 유지(柳枝)라고 하는

버드나무의 효능

버드나무에 있는 살리신은 아스피린과 유사한 작용으로 감기 몸살로 인한 발열, 통증과 고혈압, 치통, 타박상, 신경통 등에 효과가 있다. 또한 소변이나 땀이 잘 배출되지 않을 때 도움을 준다.

데, 이 유지가 변해서 '요지'가 되었다는 이야기도 있다. 이에 낀 음식물을 빼는 도구인 요지가 치아 건강에 좋은 버드나무 가지에서 유래되었다는 것이다. 이러한 특징을 지닌 버드나무를 잘 활용한다면 부작용 없이 합성 의약품과 유사한 효과를 기대할 수 있을 것이다.

소금을 이기는 해조류

바닷속에서 자라나는 해조류의 생존 전략은 주목할 만하다. 김, 미역, 다시마, 파래 등의 해조류는 물속에서 자라기에, 육지 식물에 비해 햇빛을 받기가 쉽지 않다. 광합성에 매우 불리한 조건이다. 그래서 이러한 환경적인 악조건을 극복하기 위해 해조류는 자체 내에 훨씬 더 많은 엽록소(주성분 : 마그네슘)를 함유하고 있다. 육지 식물에 비해 마그네슘 함량이 월등하게 높게 나타나는 이유다.

바다에서 살아가려면 또한 소금을 이길 수 있어야 한다. 짠 바닷물 속에서는 소금을 물리치는 능력이 없이는 생존할 수가 없기 때문이다. 해조류에 풍부하게 들어 있는 칼륨이나 갯벌 생물에 많이 들어 있는 타우린 등은 소금을 이기기 위해 바다 생물들이 가지고 있는 성분이다. 특히 해조류의 이 같은 특성을 잘 활용하면 고혈압처럼 과다한 염분 섭취로 인해 발생하는 질환을 치유하는 데 도움이 된다. 그뿐만 아니라 칼륨이나 마그네슘, 엽록소 부족으로 생기는 심장 질환, 근육 질환, 정신 질환 등을 예방하고 치료하는 데에도 매우 효과적으로 사용할 수 있다.

된장국이나 김치찌개 등 염분이 많은 음식을 조리할 때 다시마를 우려낸 육수에 바지락 몇 개를 넣고 끓이면 맛과 영양뿐만 아니라 건강에도 도움이 된다.

다시마와 바지락이 불필요한 소금(나트륨)을 배출하는 작용을 돕기 때문에 고혈압 환자들도 부담 없이 음식을 즐길 수 있다.

설렁탕 먹을 때 깍두기가 좋은 이유

식물은 태양을 향해 자라는 잎채소와 딱딱한 땅을 뚫고 자라는 뿌리채소로 구분할 수 있다. 한여름에 자라나는 케일과 상추처럼 잎이 크고 넓은 식물은 냉한 성질이 있어 햇빛을 받기 쉬운 구조로 되어 있다. 반면 태양을 보지 않고 땅을 향해 자라는 뿌리채소는 따뜻하고 에너지가 넘쳐, 막힌 것을 보면 뚫고 나가려 하는 활동적인 기질을 가지고 있다.

대표적인 뿌리채소인 무는 뭉친 것을 풀어내고 막힌 것을 뚫는 동적인 힘이 강하다. 생선회를 먹을 때 무채를 까는 것, 생선 조림을 할 때 무를 넣으면 시원한 맛(맛이 쉽게 퍼짐)이 나는 것은 이 때문이다. 설렁탕처럼 걸쭉한 음식을 먹을 때 김치보다 깍두기가 좋은 것은 어쩌면 이같은 무의 특성에 비추어 볼 때 자연스러운 어울림이다.

민들레 뿌리나 도라지는 피를 맑게 하고 멍울을 없애는 작용을 하며, 칡뿌리(갈근)는 땀구멍을 열어 몸에 있는 나쁜 기운이 밖으로 배출되도록 돕는다. 이러한 성미를 이용하여 종기나 젖몸살, 감기 치료에 활용할 수 있다.

'먹는 음식이 바로 그 사람이다'라는 말이 있다. 먹는 음식이 건강뿐 아니라 성격이나 체질과도 밀접한 관계가 있다는 뜻이다. 같은 채소류라도 성격이 급하고 몸에 열이 많은 사람(양인)은 잎채소가 더 적당하고, 성격이 느리고 피가 탁하여 순환 장애가 있는 사람(음인)은 뿌리채소가 더 좋다. 소위 체질에 맞는 음식에 관한 이론도 이 같은 식물의 생

존 원리와 특징에 근거한 것으로 이해할 수 있다.

인삼을 재배하는 밭은 주로 북향으로 검은색 그늘 차양을 쳐놓았다. 햇빛을 가려놓았으니 인삼이 냉한 성질의 식물일 것이라고 추측한다면 이는 틀린 답이다. '인삼이 얼마나 열이 많은 식물이면 햇볕을 가려놓았을까'라고 볼 수 있어야 인삼을 올바로 아는 것이다. 자라는 환경만 보고도 인삼이 열을 많이 만들어 내는, 에너지가 강한 식물일 것이라 짐작할 수 있어야 한다는 뜻이다.

이처럼 식물이 자라나는 지역이나 형태를 보고서도 대략적인 식물의 성미를 유추할 수 있다. 음식의 재료가 되는 자연의 원리를 제대로 알고 이를 잘 활용한다면 우리의 건강을 지켜나가는 데에도 더 효과적이고 지혜로운 방법들을 찾을 수 있을 것이다.

식물 영양소를 먹다
파이토케미컬 이야기

생명체들은 자연이라는 외부 환경에 적응해가며 살아간다. 특히 식물은 태어난 자리에 고정되어 자라다 보니 다양한 방법으로 환경에 적응하고 변화하며 자신만의 생존 전략을 구사한다. 그중에서도 자신을 지키고 종족을 번식하기 위해 다양한 성분들을 만들어내는데 이런 성분들을 바로 '식물 영양소', 다른 말로 '파이토케미컬'이라고 한다.

예를 들어 발육 초기에는 수렴 작용이 강한 성분(신맛 나는 성분)을 몸 안에 만들어내어 성장에 필요한 성분을 자연으로부터 끌어들인다. 또 외부의 적으로부터 자신을 보호하기 위하여 독이 있는 성분을 함유하는 경우가 많다. 어느 정도 성장하여 번식할 때가 오면 단맛이나 맛있는 성분을 만들어 번식에 도움이 되도록 변화를 꾀한다.

이렇게 알려진 식물 영양소는 수천 종에 달한다. 토마토의 붉은색, 파프리카의 노란색, 초록색, 포도와 가지의 자주색, 당근의 주황색 등 식물 고유의 다양한 색소도 식물 영양소다. 마늘과 양파, 그리고 많은 허브들이 가지고 있는 향신 성분도 모두 식물 영양소에 포함된다.

03
고혈압과 방광염을
낫게 한
음식 처방

/

고혈압·
뇌경색
환자 사례

약국을 찾아온 고혈압 환자와 방광염 환자가 있었다. 이 두 사람은 증상이 달랐는데도 유사한 음식 처방으로 병의 증상을 상당 부분 호전시킬 수 있었다. 이 환자들이 질환을 극복한 사례를 통해 음식 치유의 원리를 살펴보고자 한다.

오랫동안 목회 활동을 해오다 퇴직한 75세 원로 목사입니다. 4년 전에 과로와 스트레스 누적으로 뇌경색(중풍)이 찾아와 보행이 불편하고 언어 장애를 겪고 있습니다. 계속 약을 먹는데도 혈압이 수시로 높아지고 두통이 찾아와 고통스럽습니다. 제게 도움이 되는 음식은 없을까요?

고혈압과 뇌경색으로 활동에 어려움을 겪고 있는 환자가 약국에 찾아왔다. 뇌경색으로 움직임이 불편해 지팡이를 짚어야만 걸을 수 있고 언어 장애가 와서 오랫동안 해온 목회 활동도 중단할 수밖에 없던 환자였다. 당장 혈압으로 인한 두통이 심해 이를 완화할 수 있는 방법을 찾고자 약국을 찾은 것이다. 결론부터 이야기하면 이분은 현재 지팡이 없이 약국을 방문할 정도로 건강을 회복했다. 발병 당시 진찰했던 의사가 기적이라 말할 정도로 증상이 호전되었다.

고혈압과 소금의 **관계**

흔히 고혈압이라고 하면 통상적으로 짜게 먹지 마라, 저염식을 하라고 이야기한다. 왜 그럴까? 소금을 먹으면 물이 먹고 싶어진다. 소금이 가는 곳에는 항상 물이 따라다닌다. 물이 여자라면 소금은 정말 인기 많은 남자 연예인이라고 생각하면 된다. 그러나 이 관계가 항상 좋지만은 않다. 짜게 먹으면 물이 많아지면서 혈액량이 늘어나고 소변 배출이

어렵다. 부종이 생기고 고혈압, 심장병이 발생하기 쉽다. 그러니 성인
병 예방을 위해서 싱겁게 먹으라는 이론이 쉽게 이해된다.

그러나 소금은 우리 몸에 반드시 필요한 성분이다. 소금은 세포외액
의 핵심 성분으로 우리 인체의 70% 이상을 차지하는 물을 관리하는 핵
심 미네랄이다. 소금을 무조건 금하는 것은 오히려 몸에 필요한 수분과
미네랄을 부족하게 만들어 좋지 않다. 천일염이나 죽염 등 몸에 좋은
소금은 적절하게 섭취해야만 한다. 다만 중요한 것은 우리 몸 안에 남
아도는 소금이 잘 배출되도록 하는 것이다.

남아도는 소금을 이겨낼 선수

물을 버릴 줄 아는 미나리는 물에서 자란다. 그렇다면 소금을 이길
줄 아는 재료는 어디에 살까? 바다! 바다에 살려면 소금을 이길 줄 알
아야 한다. 바다에 사는 해조류는 소금(나트륨)을 이기는 칼륨을, 갯벌
에서 사는 생물들은 칼륨과 타우린을, 그렇게 저마다 생존 전략을 가지
고 있다.

혈압이 높은 원인은 다양할 수 있다. 그중 짠 음식이 문제가 되어 고
혈압 증상이 나타나는 것이라면 해조류로 만든 음식이 도움이 된다. 바
로 우리가 흔히 먹는 미역국이 중요한 음식 처방이 되는 것이다. 그래
서 이 환자에게 첫 번째로 이야기한 것은 바로 미역국을 열심히 드시라
는 얘기였다.

처방에 따라 매일 저녁 미역국을 먹다 보니 세포에 있던 소금이 쫓겨
나고 체액의 균형이 맞으면서 자연스럽게 혈압도 안정되기 시작했다.
이렇듯 고혈압 환자의 경우 김, 다시마, 미역줄기 같은 해조류로 반찬

해조류의 효능
칼륨과 마그네슘이 많이 들어 있어 혈액을 맑게 하고 고혈압, 콜레스테롤, 동맥경화, 심장 질환 등의 각종 성인병 치료에 효과가 있다. 대장의 운동을 도와 변비를 제거하는 데도 효과가 있다.

을 만들어 먹고, 된장국을 끓일 때도 해조류로 국물을 우려서 사용하는 것이 좋다. 해조류에 들어 있는 칼륨이 된장의 짠 기운을 쫓아내기에 부담 없이 먹을 수 있다.

소금으로 염증을 **치유하다**

다음으로 여기 20년 동안 방광염으로 고생한 환자의 안타까운 사연이 있다. 먼저 사연을 들어보자.

"

저는 올해 54세 여성입니다. 20년 전 자궁경부암 수술로 자궁 전체를 제거하고 방사선 치료를 받게 되었는데, 그 이후로 소변을 조절하는 방광에 이상이 생겨 20년 동안 쭉 소변 줄을 끼고 소변 주머니를 달고 불편하게 생활하고 있습니다. 더 비참한 것은 소변이 제대로 나오지 않고 수시로 염증이 생겨 여전히 병원을 밤낮없이 드나든다는 겁니다. 저 같은 사람도 좋아질 수 있을까요?

20년 동안 소변 줄을 끼고 산다는 것을 상상해볼 수 있을까? 이는 인간다운 삶의 질을 포기한 채 살아왔다는 의미다. 사연을 들으며 안타까운 마음을 금할 수 없었다.

이분과 상담을 하고 음식 처방을 한 지 약 6개월 만에 연락이

왔다. 들뜬 목소리로 "선생님, 저 호스 뺐어요"라는 얘기를 들려주었다. 그 전화를 받는데 수화기 건너편에 있는 환자와 얼싸안고 기쁨을 나누는 기분이 들었다. 그만큼 감격적인 순간이었다.

방광염을 앓고 있던 이 환자에게 처방한 첫 번째 음식은 앞서 고혈압 환자에게 처방했던 바로 그 '미역국'이었다. 왜 또 미역국이었을까?

미역국에 들어 있는 칼륨은 몸속에 남아도는 소금(나트륨)을 세포 밖으로 쫓아낸다. 이때 쫓겨나는 소금은 우리 몸속 다른 노폐물들처럼 신장-방광-요도를 거쳐 소변으로 배출된다. 이 과정에서 소금의 치유 작용이 발휘된다. 노폐물 때문에 염증이 생기기 쉬운 방광과 요도에 소금이 지나가면서 염증 발생률을 낮추고 신체 조직의 기능을 회복해주는 것이다.

다시 말하면 해조류가 세포에서 소금을 쫓아내면서 혈압이 내려가고, 이때 쫓겨나는 소금이 방광을 지나 소변으로 배출되면서 방광 쪽 염증을 가라앉혀 준다. 이것이 바로 고혈압과 방광염을 낮게 하는 미역국의 효력이다.

미역을 대신하는 바나나

우리나라에서는 출산 후 산모들이 산후 조리식으로 미역국을 먹는다. 미역국은 출산으로 피를 흘린 산모의 몸에 피를 만들어내고, 지친 몸의 통증을 완화해주는 등 다양한 효능이 있다. 하지만 아무리 몸에 좋다 한들 매일 미역국만 먹기란 쉽지 않은 일이다. 미역과 유사한 효과를 지니면서도 맛있고 오래 먹어도 질리지 않는 재료는 없을까? '사과는 맛있어~, 맛있으면 바나나~' 어려서 부르

며 놀던 노래 생각이 난다.

바나나에는 미역만큼은 못해도 칼륨과 마그네슘 성분이 풍부하다. 소금을 내쫓아 혈압을 조절하고 근육 통증을 완화하는 등 미역과 여러 가지로 유사한 효능을 지니면서도 맛있는 과일이다.

고혈압과 방광염 환자에게 미역국 외에 따로 처방한 음식의 주재료가 바로 바나나였다. 바나나를 삶아서 죽의 형태로 먹게 한 것인데, 여기에 불린 콩을 함께 넣어 삶도록 했다. 콩은 피를 맑게 해주고 우리 몸

감자의 효능

염증을 억제하는 성분과 비타민 C가 많아 고혈압과 동맥경화, 심장병, 뇌졸중(중풍) 예방 치료, 관절염, 근육통, 위장병 치료에 도움이 된다.

특히 칼륨이 많이 들어 있어 치매를 예방하고 기억력 감퇴를 막는 데 효과적이다.

삶은 감자를 보통 소금에 찍어 먹는데, 이것이 바로 음식 궁합이라고 볼 수 있다. 소금으로 칼륨 과다를 견제하는 것이다.

의 대사 작용을 도와주는 여러 물질이 많이 함유되어 있다. 이때 삶는 물은 다시마를 우려낸 국물을 사용하도록 했다. 해조류의 효능을 보완하기 위한 것이다. 삶는 마지막 단계에서 파래 한두 장을 넣게 했다. 파래는 해조류 중에서도 마그네슘, 엽산 등 인체에 필요한 성분을 많이 함유하고 있어 효능이 으뜸으로 꼽힌다. 이것을 끓인 후 갈아서 만든 것이 바로 바나나를 활용한 치유식 '내림 바나나죽'이다.

고혈압 환자에게는 마지막에 미나리를 같이 갈아 넣게 한다. 미나리는 막힌 것을 뚫어주는 성질이 있어 아스피린의 역할을 대신할 수 있다. 방광염 환자는 미나리는 넣지 않아도 된다. 대신 감자를 갈아서 생즙을 더해 먹게 했다.

감자에는 방광에 좋은 비타민 C 성분이 풍부하며 특히 염증을 제거하고 조직을 재생하는 효능이 있다. 또한 감자는 다른 재료와는 달리 익혀서 먹을 때보다 생으로 먹을 때 흡수율이 더 높다.

POINT 음/식/이/약/이/되/는/습/관/

고혈압, 뇌경색 환자 처방

- 미역국을 먹는다
- 다시마 국물에 바나나, 콩, 파래를 삶고, 마지막에 미나리를 넣은 다음 믹서에 갈아 죽으로 만들어 먹는다.
- 치유를 위한 음식은 매일 같은 시간에 꾸준히 먹는 것이 좋다.

방광염(신경외성 방광염) 환자 처방

- 미역국을 먹는다
- 다시마 국물에 바나나, 콩, 파래를 삶은 후 믹서로 갈아 죽으로 만든다. 여기에 감자를 생으로 갈아 즙을 첨가하여 먹는다.
- 치유를 위한 음식은 매일 같은 시간에 꾸준히 먹는 것이 좋다. .

이렇게 음식 처방을 한 결과 방광염 환자는 20년 동안 사용하던 소변 줄을 빼게 되었고, 뇌경색과 고혈압으로 고통을 겪던 환자는 지팡이 없이 걸을 수 있을 정도로 건강이 회복되었다.

습관을 들이는 것이 치유의 시작

많은 환자들이 10, 20년 고혈압, 당뇨 약을 먹고서도 약을 끊으면 다시 증상이 나타난다고 한다. 고혈압 약이나 당뇨 약은 당연히 평생을 먹어야 한다고 생각하는 이들도 많다. 그러나 이것이 진정한 치료라고 볼 수 있을까? 약으로 해결할 수 없다면 그때는 다른 방향을 모색해야 한다.

환자들에게 음식 처방을 할 때에는 질병에 따른 좋은 음식을 만들어 꾸준하게 먹는 것을 매우 중요하게 강조했다. 생각나면 먹고 그렇지 않으면 말고 해서는 우리 몸이 음식을 약으로 받아들이지 않는다. 꾸준하게 들어와서 습관이 되고 길들여질 때에야 몸은 그것을 내 것으로 받아들이고 적절하게 사용하기 시작한다. 그렇게 길들여지고 변화하는 순간이 바로 음식이 약으로 전환되는 순간이다.

삶은 곧 습관이다. 습관을 잘못 들여서 몸이 망가졌다면 습관을 바로잡아서 몸을 회복해야 한다. 세포를 살리고 몸을 살리는 일은 평소 습관처럼 일상적으로 먹는 음식을 통해서만이 할 수 있다. 이 원리를 깨쳐 모든 가정과 우리 사회가 좀 더 건강한 삶을 살 수 있게 되기를 바란다.

고혈압과 방광염에 좋은
내림 바나나죽

고혈압과 방광염은 전혀 다른 질병으로 보이나 치유에는 유사한 원리가 적용된다. 고혈
압이나 순환기 질환을 앓고 있는 이들, 방광이나 신장에 염증이 자주 생겨 소변 누기가 불
편한 이들에게 추천하는 치유 레시피다.

재료

(1인분 기준) 바나나 1개,
불린 콩 30g(일반 숟가락으로 2스푼),
파래 10x10cm 1장, 미나리 2~3줄기,
생감자 1개, 물 500ml

만드는 법

❶ 냄비에 바나나, 불린 콩, 물을 넣고 30분 정도 끓인다.
재료들을 충분히 끓여야 필요한 성분의 몸속 흡수율이 높아진다.

❷ 파래를 넣고 5분 더 끓인다.
파래는 5분 정도만 끓여도 충분하다.

❸ 다 끓인 재료를 한 김 식힌 후
믹서에 넣고 간다.

감자는 다른 재료에 비해 생으로
먹을 때 흡수율이 높고 비타민 C 등
몸에 좋은 성분이 그대로 흡수되어
영양 활용 면에서 유익하다.
특히 껍질 쪽에 좋은 성분이 많다.
싹이 난 부분은 반드시 제거하고
깨끗이 씻은 후 껍질째 갈아
사용한다.

뇌경색 · 고혈압 환자의 경우

❸에 미리 다듬어놓은 미나리 줄기
2~3개를 넣고 같이 갈아준다.
미나리가 뇌경색 환자의 막힌
혈관을 뚫는 데 도움이 된다.

➡ 바나나＋콩＋파래＋미나리

만성 방광염 환자의 경우

❸의 죽을 먹을 만큼
그릇에 담고 여기에
생감자를 갈아 즙을
섞어준다.

➡ 바나나＋콩＋파래＋
생감자 즙

2장

바보처럼
사는 지혜

생각이 많은 장기, 위장

음식을 먹었다고 해서 곧바로 우리 몸에 피가 되고 살이 되는 것은 아니다. 아무리 진귀한 음식이라 할지라도 몸이 제대로 소화 흡수하지 못하면 천만금을 주고 먹어도 소용이 없다. 건강을 위해서는 '좋은 음식'을 먹는 것보다 '제대로 소화시키는 일'이 더 중요하다.

음식이 약이 되게 하려면 당장 어떤 좋은 음식을 먹을 것인가에 급급하기보다 몸에 들어온 음식이 어떻게 잘 소화되고 흡수될 수 있도록 도울 것인가를 늘 염두에 두어야 한다. 이번 장에서는 소화 기관 중 먼저 입에서 위장에 이르기까지 일어나는 일을 중심으로 소화 과정의 원리를 알아보겠다.

어느 날 위장이 불평을 한다면

영어로 위장을 '스토마크(stomach)'라고 한다. 재미있는 것은 이 단어가 위장이라는 뜻 외에도 '갖은 고통과 오욕을 참아낸다'라는 뜻이 있다는 점이다. 우리말에도 '목구멍이 포도청'이라는 말이 있다. 살기 위해서는 밥줄이 가장 중요하다는 뜻이다. 먹고 사는 게 급하니 위장은 입에서 들여보내는 대로 받아들여야 한다. 무조건 참아내며 묵묵히 살아가야 하는 장기가 바로 위장이다.

큰 불평 없이 묵묵히 참아오던 위장이 어느 날 목소리를 내기 시작했다. "속이 쓰리다", "소화가 안 된다", "가스가 찬다"……. 위장에서 무언가 불편한 기색을 낼 때는 정말 아프다는 뜻이다. 그동안 많이 참았고 "이제는 못 참겠다"라고 외치는 중이라는 점을 먼저 알아줘야 한다. 위장이 작동하지 않으면 누구라도 살 수 없다. 가장 원초적인 생명 기능에 적신호가 켜진 것이다.

외부에서 스트레스가 올 때 우리 몸에서 가장 먼저 자극을 받고 반응하는 곳도 바로 위장이다. 마음이 맞지 않는 사람들과 마주 앉아 식사를 하는 것을 상상해보라. 그런 자리에서 밥을 먹고 나면 체하거나 속이 불편해지는 경험을 다들 한두 번쯤 해보았을 것이다.

흔히들 위장을 '밥통'이라 부르며 생각도 없는 장기인 것처럼 말하지만 위장은 사실 고민이 많은 장기다. 어떤 음식이 들어와도 다 참아내야 하기에 실제 위장의 입장에서는 이래저래 생각이 많을 수밖에 없다.

위를 위한다면 머리를 비워라

위장에 좋은 음식이 어떤 음식인가 이야기하기 전에 위장의 고민을 덜어줄 방법을 생각해볼 필요가 있다.

첫 번째는 생각을 좀 줄여주는 것이다. 문제는 바로 사려(思慮) 과다! 위장 건강이 좋지 않은 이들을 보면 평소 생각이 많고 노심초사하는 경향이 있다. 내 머릿속이 복잡하면 위장도 같이 고민하고 스트레스 받는다. 위장을 위한다면 머리를 조금 비우는 것이 좋다. 위장이 좋아하는 첫 번째 조건은 바로 마음을 편안하게 하는 것이다.

두 번째로 위장을 튼튼하게 하기 위해서는 입에서 많이 도와줘야 한다. 급하게 먹고, 너무 많이 먹고, 늦은 시간에 먹고……. 입에는 좋을지 몰라도 위장을 힘들게 하는 일이다. 위장 입장에서 위장과 입은 '애증 관계'라고 할 수 있다. 입에서 넣어주니 먹고 살기는 하겠는데 해도 해도 너무할 때가 많은 것이다. 소식하고 꼭꼭 씹어 먹으면 위장은 그만큼 편하고 좋다.

입맛을 좇는
혀

혀는 우리 장기 중에서도 가장 똑똑한 녀석이다. 기억력도 좋아서 한 번 먹어서 맛있는 것은 꼭 기억해두고 그것만 먹으려고 한다. 몸에 좋거나 말거나 일단 나만 좋으면 좋다는 식이다.

노자의 《도덕경》에 보면 '오미구상(五味口爽)'이라는 말이 나온다. 오미(五味)는 다채롭고 화려한 맛이다. 즉 우리 식으로 하면 기름지고 입맛 당기는 음식을 먹어 맛을 알게 된 혀가 맛을 제대로 구분하여 똑똑한 혀가 된다는 뜻인데, 이는 너무 좋은 맛에 길들여진 혀가 우리 몸이 진짜 필요로 하는 음식을 구분하지 못하고 입맛만 좇는다는 의미를 역설적으로 강조한 말이다.

혀가 똑똑하다는 것은 결국 '헛똑똑이'인 셈이다. 몸이 좋아하거나 말거나 상관없이 자기 입에 좋은 것만 기억하고 그것만 찾으니 말이다. 우리가 흔히 '세 살 버릇 여든까지 간다'고 하는데, 이 말을 '세 살 식성 여든까지 간다'로 바꿔도 무방하다. 입이 좋아하는 음식이 아니라 몸이 좋아하는 음식을 먹도록 습관을 들이는 것이 그래서 중요하다. 입을 잘 길들여야 한다.

세계적인
장수촌
오키나와의
'26쇼크'

세계적으로 유명한 장수촌에 패스트푸드점이 입점하면서 전통이 무너진 사례들은 이미 잘 알려져 있다.

일본의 오키나와는 1995년 8월 세계보건기구(WHO)로부터 세계 최고의 장수 지역 중 하나로 인증받았다. 그러나 불과 7년 뒤, 전국 평균 수명 조사에서 26위로 순위가 곤두박질치면서 일본 사회에 큰 충격을 주었다. 이른바 '26쇼크'인데, 패스트푸드 확산 등 서구식 식습관으로 변화한 것이 가장 큰 원인으로 꼽혔다.

세계적인 아이스크림 회사의 2세가 아버지의 대를 잇지 않겠다고 선언한 일도 유명하다. 사람들의 건강을 망가뜨리는 일로 돈을 벌 수 없다는 것이 이유였다. 세계적인 기업 경영자 아들의 선언이 신선한 충격을 준 뉴스임에는 분명했다. 하지만 여전히 그 아이스크림 회사는 우리나라에서도 인기를 끌며 승승장구하고 있다.

자극적인 맛에 빠진 현대인

실제로 입맛에 길들여진 인스턴트식품이나 육류, 기름지고 맛있는 음식이 우리 건강을 해치는 경우를 자주 볼 수가 있다. 우리 몸이 필요로 하는 음식과 입에서 좋아하는 음식이 다른 경우가 많은데, 이는 평소에 어떠한 음식을 어떻게 먹는 습관을 가졌느냐에 따라 질병의 원인이 되기도 하고 건강을 지키는 초석이 되기도 한다.

노자가 《도덕경》에서 경계했던 시절보다도 현대인들은 보기 좋고(美) 자극적인 맛에 빠져 있다. 바쁜 일상생활을 하며 몸에 좋고 나쁜 것을 따지기보다는 입맛을 좇아 한 끼 한 끼 때우는 게 급하고, 그러다 보니 음식의 소중함을 느낄 기회는 점점 사라지고 있다. 악순환으로 사람들은 바쁜 일상에서 받은 스트레스를 풀려고 입에 단 맛만을 좇기도 한다.

요즘 유행하는 '먹방'이나 설탕이 잔뜩 들어간 조리법 등은 입맛의 세태를 잘 보여준다. 공장에서 대량 생산된 제품들, 색소와 첨가물이 들어간 식재료들을 가장 손쉽게 구할 수 있다 보니 가정에서 준비하는 식사도 오염되고 있는 형편이다.

오미구상의
교훈

음식을 먹을 때는 두 가지를 경계해야 한다. 혀에 좋고 눈에 아름다운 것이 결코 우리의 건강을 지켜주지 않는다는 점이다. 맛이 다소 떨어지더라도 원래 재료의 본성을 잃어버리지 않은 음식들을 찾아 먹어야 한다.

습관이라는 것은 어떻게 교육하느냐가 중요하다. 그 기본은 입이 좋아하는 것보다 몸이 좋아하는 음식으로 길들이는 것이다.

원래 좋은 습관이든 나쁜 습관이든 무의식 속에 자리 잡게 되므로 의식적으로 노력해도 바꾸기 쉽지 않을 때가 많다. 또한 나이가 들어갈수록, 건강을 잃어갈수록 습관을 바꾸기가 점점 더 어려워진다고 한다. 반복되는 일상을 벗어나 새로운 생활이나 새로운 음식 등을 원할 때 몸속 깊게 박혀 있는 습관을 버리는 것이 얼마나 힘든지 새삼 깨닫게 된다. 그러니 일찍부터 올바른 식습관을 잘 들이는 것이 건강한 삶을 살아가는 데 무엇보다 중요하다.

몸이 원하는 음식을 먹을 때 질병에 마침표를 찍는다. 먹는 습관을 잘못 들여 건강을 잃고 질병이 생겼다면, 우선 지금까지 자신이 무엇을 어떻게 먹어왔는지를 곰곰이 생각해보자. 그리고 잘못된 습관을 변화시키려고 노력해야 한다.

입맛을 좇아 먹으면 몸을 상하게 할 수 있으나, 몸이 원하는 음식을 먹으면 질병에 마침표를 찍을 수 있다. 오미구상의 교훈을 잊지 말자.

음식을 대할 때도
'미'를 좇는 사람들

안타깝게도 현대인 대부분은 음식을 선택할 때 두 가지 미를 좇는다. 먼저 아름다울 미(美)다. 눈으로 보아 조금 더 예쁘고 크고 색깔이 선명한 것들이 좋은 음식 재료라고 생각한다. 다음으로 맛있는 미(味)다. 혀에 맛있는 음식이 좋은 음식이라고 생각한다. 그러나 오늘날, 이 두 가지 미가 역습하고 있다.

미의 역습 : 유전자 조작 식품의 문제

최근 유전자 조작 식품들이 문제가 되고 있다. 앞으로 유전공학의 시대라고 하는데, 식물의 씨앗에서 유전자 일부를 떼어내고 그 자리에다 다른 유전자를 삽입해서 보기에도 좋고 맛도 좋은 농산물들을 만들어내는 것이다. 우리나라도 유전자 조작 쌀이 나온다는 이야기가 있고, 앞으로 수박만 한 콩을 기대하는 것도 가능하다고 한다.

이렇다 보니 자연 그대로의 먹을거리 생산은 위협을 받거나 점차 사라질 위기에 처해 있다. 하지만 과연 이런 식물들이 예전 그대로의 건강한 음식 재료가 될 수 있을까? 소위 말해 다음 세대로 전해질 씨앗을 맺지 못하는 식물과 이 재료로 만든 음식이 우리의 건강을 지켜줄 수 있을까?

소비자들이 더 지혜로워져야 한다. 아름다운 것, 맛있는 것을 추구하기보다 소박하더라도 생명을 맺을 수 있는 먹을거리를 찾는 것이 중요한 시대다.

02
소에게서 배우다

위장병이
계속
재발한다면

저는 소화에 자신이 없어요. 항상 가슴이 답답하고 트림, 구역질이 나고 속이 쓰려서 음식을 마음대로 먹을 수가 없습니다. 평소 무기력과 피로감을 자주 느끼고, 잠을 자려고 해도 쓸데없는 걱정으로 깊은 잠에 들지 못하는 편입니다. 병원에서 검사를 해보니 '역류성 식도염', '위축성 위염', '장상피화생' 증상이 있다고 합니다. 약을 먹어도 그때뿐이고 정말 힘듭니다. 저 같은 사람한테 좋은 음식은 없을까요?

약국을 찾은 한 환자의 이야기다. 위장 장애를 호소하는 이 환자는 역류성 식도염, 위염, 장상피화생 등 여러 가지 위장병이 한꺼번에 생겨 고생하고 있었다. 더구나 약을 먹어도 증상만 잠시 가라앉을 뿐 치료가 안 되고 반복적으로 재발하는 상태였다.

어떻게 했기에 위장이 이렇게 망가진 것일까? 위장이 하는 일과 소화 과정을 자세히 알아보고, 위장을 도울 수 있는 방법이 무엇이 있는지도 살펴보자.

속 쓰림과 신트림은 왜 생기는 것일까

위장은 식도와 창자 사이를 이어주는 주머니 모양의 장기다. 우리 몸 안에서 왼쪽으로 살짝 치우쳐 자리하고 있다. 위장의 입구는 식도와 연결되어 있는데, 음식물이 내려올 때만 잠시 열리고, 내려온 음식물이 다시 역류하지 않도록 잘 만들어진 문처럼 설계되어 있다.

입을 통해 음식물이 위 안으로 들어오면 위 안에서 엄청난 소화액이 쏟아져 나오는데 이것이 위산이다. 위장에서 분비되는 위산은 강한 산성을 띤다. 피부에 묻으면 피부가 타버릴 정도로 강하다. 위장 내부는 특수한 갑옷을 입고 있다. 따라서 위산이 아무리 쏟아져 나와도 위벽은 원칙적으로 손상되지 않는다. 그러나 소화액이 위장 바깥쪽으로 흘러 나온다면 장기 내벽이 손상을 입게 된다.

그렇다면 위 사례의 환자가 느끼는 속 쓰림이나 가슴 답답증, 신트림 같은 증상은 왜 생기는 것일까?

위액이 지나치게 많이 쏟아져 나오는 경우를 위산 과다증이라고 한다. 위산 과다증이 있는 경우 소화가 가장 활발한 시기인 식후 1~3시간 사이에 위 압박감이나 속 쓰림, 신트림 같은 증세가 나타난다.

일반적으로 속 쓰림 증상에 쓰이는 약은 위산 분비를 줄이는 작용을 한다. 그러나 속 쓰림과 식도 역류 증상이 항상 위산 과다 때문에 발생하는 것은 아니다. 위산 분비가 적은 위산 저하증 환자들에게도 비슷한 증

위액
염산과 뮤신 및 각종 소화 효소가 들어 있으며 무색 투명하다. 한번 식사 때에 500~700㎖의 위액이 분비된다.

위산 과다증
위액의 산도가 비정상적으로 높은 경우로 과산증이라고도 한다. 식후 1~3시간 사이에 위 압박감이나 속 쓰림, 산성 트림 등의 증세가 나타난다.

상이 나타난다.

위산 저하증 환자는 위산의 분비가 부족하다 보니 소화력이 떨어진
다. 소화력이 떨어진 상태로 위장이 계속 일을 하다 보면 위장 입구 괄약
근인 분문의 힘이 떨어지고 압력이 약해져 위산이 식도로 역류하는 일
이 발생한다. 이때 식도가 역류된 위산에 자극을 받아 상처와 염증이 생
기면서 역류성 식도염이 나타난다. 대부분 속 쓰림이나 신트림, 목에 이
물질이 걸린 듯한 느낌, 목소리의 변화, 가슴 통증 등을 호소한다.

위산 저하증으로 인해 속 쓰림을 겪는 이들에게는 위산 분비를 줄이
는 것이 아니라 위산 분비가 잘되게 하여 소화가 빨리 진행되도록 돕는
일이 필요하다. 속 쓰림, 신트림 등 증상은 같지만 처방이 달라져야 하
는 이유다.

소화 장애를 겪는 환자들을 보면 중년을 넘어서면서 위산 저하증이
확연히 늘어난다. 흔히들 "젊어서는 한두 그릇 뚝딱 해치웠는데 이제는
소화가 자신 없고 조금만 많이 먹어도 속이 부대낀다"라고 말한다. 이는
나이가 들면서 위산 분비가 줄어들어 소화 능력이 떨어지기 때문이다.
이럴 때에는 과식을 하지 말고 소화에 도움이 되는 음식을 먹어 위장의
일을 덜어주어야 한다.

'꼭꼭 씹어라' 잔소리하는 이유

이런저런 이유로 소화 능력이 떨어질 경우 위장을 어떻게 도와줘야
할까? 아마 어린 시절 밥상 앞에서 "꼭꼭 씹어 먹어라" 하는 어른들의
잔소리를 들어보지 않은 사람은 없을 것이다. 바로 이것이 가장 중요한
정답이다.

밥을 한 숟가락 떠서 입안에 넣고 씹기 시작하면 침이 섞여 나와 밥을 잘 씹을 수 있도록 도와준다. 이때 침은 단지 음식물을 섞는 윤활제의 역할만 하는 것이 아니다. 침 속에는 음식물을 분해하고 소화 작용을 하는 여러 가지 효소들이 들어 있다. 음식 속에 섞여 들어오는 박테리아나 오염 물질을 분해하고 살균 작용을 하는 효소(라이소자임)도 있다. 특히 밥에 있는 탄수화물을 분해할 수 있는 효소(아밀라아제)는 위장에는 없고 침 속에만 존재한다.

위는 음식물 중 단백질을 소화시키는 효소는 분비하나 탄수화물(밥)을 소화시킬 효소는 분비하지 않는다. 그러니 밥을 먹으면서 입에서 대충 씹어 넘긴다면 나머지 일은 전적으로 위와 장에 떠넘기게 되는 것이다. 위와 장에 무리가 갈 수밖에 없다.

장에서 음식물을 제대로 숙성시키고 소화시키지 못하면 결국 그 찌꺼기는 독소로 변하고 우리 몸 안에서 여러 가지 질병을 일으키는 원인이 되고 만다.

소의 위가
4개인 이유

소가 풀을 뜯어 먹거나 여물을 먹는 모습을 보면 입에서 침을 유난히 줄줄 흘리면서 씹는 것을 알 수 있다. 소의 침은 인간의 침과 달라 아무런 효소도 들어 있지 않다. 오로지 거친 음식을 잘 씹어 먹기 위한 윤활제로 작용한다.

소는 4개의 위를 가지고 있다. 각각 저장, 발효, 분쇄, 소화의 분업화를 볼 수 있다. 첫 번째 위는 들어온 풀죽을 적당한 온도에서 숙성시켜서 식물 자체가 가지고 있는 효소를 통해 어느 정도 분해하는 일을 한다. 이를 다시 끄집어내서 씹고 삼키고, 다시 끄집어내서 씹고 삼키는 일이 두 번째 위, 세 번째 위에서 반복된다.

이렇게 반복적으로 숙성된 음식물이 네 번째 위에 들어가면 비로소 소화 효소가 분비되며 본격적인 소화가 이루어진다. 네 번째 위에 와서야 대량으로 증식된 미생물을 포함하여 단백질의 소화가 진행되는 것이다. 사실상 이 네 번째 위가 위의 본래 역할을 하는 것이고, 다른 3개의 위는 식도가 변형된 것이라고 보면 된다.

소가 1, 2, 3번째 위에서 하는 일을 사람은 입에서 한 번에 하고 있다. 소는 인간보다 소화 효소가 적다. 그래서 식물이 가지고 있는 자체 소화 효소를 최대한 활용하기 위해서 여러 번 되씹고 숙성시키는 과정을 반복하는 것이다. 이것은 사람도 마찬가지여야 한다.

소화 효소를
아껴라

우리 인체에는 우리가 먹는 모든 음식을 소화시킬 수 있는 효소가 분비되지 않을 뿐만 아니라, 가지고 있는 소화 효소도 무한하지 않다. 평생에 쓸 소화 효소의 양은 이미 정해져 있다.

그러니 평소 소화 효소를 아낄 수 있도록 입 안에서 여러 번 꼭꼭 씹어 위장의 부담을 덜어주고 음식이 가지고 있는 자체 소화 효소를 최대한 이용하여 소화를 돕는 것이 우리가 할 수 있는 최선의 방법이다. 바로 소에게서 배워야 할 부분이다.

어른들이 왜 그렇게 밥상 앞에서 "꼭꼭 씹어 먹어라" 하고 잔소리를 하셨을까? 그 잔소리에 이러한 소화의 원리가 숨어 있다는 것을 이제 이해할 수 있을 것이다.

몸이 건강하여 효소 분비나 위장 운동에 문제가 없는 사람들도 입 안에서 씹는 작용이 중요한데, 병을 앓고 있는 환자들의 경우는 어떨까? 특히 난치성 질환을 앓고 있는 환자들에게 첫 번째로 해줘야 할 일은 바로 소화의 부담을 덜어주는 일이다. 소화하는 데 에너지를 많이 쓰지 않으면서 음식을 섭취하고 영양을 흡수할 수 있도록 해야만 몸이 질병 회복과 치유에 전력을 다할 수 있다.

03
위장을 돕는 방법

물도
씹어 삼켜라

환자들 대부분은 기본적으로 소화 능력이 떨어져 있는 데다가 몸 안의 아픈 부분(질환)을 치료해야 하는 과업을 안고 있다. 몸 안의 일꾼들이 모두 출동해 병과 싸우는 일을 해도 부족한 판에 집안일(음식물 소화)을 하라고 무리하게 불러들인다면 어떻게 될까? 결국 병과 싸울 힘과 집중력이 떨어지면서 회복의 길에서 점점 멀어지게 될 것이다.

흔히 물도 씹어서 삼키라는 얘기가 있다. 특히 병을 치료 중인 환자들은 죽을 먹을 때도 충분히 씹어서, 충분히 분비된 침과 함께 삼키는 습관을 들여야 한다. 이뿐만 아니다. 환자의 몸이 병과 싸우는 데 집중할 수 있으려면 소화에 도움이 되는 방식으로 음식을 만들어 최대한 쉽게 소화하고 필요한 영양 물질을 빨리 흡수하게 해야 한다. 소화 기관의 부담을 최소화하고 영양이 잘 흡수될 수 있도록 돕는 것이 바로 환자 치료의 기본인 셈이다.

식전 동치미
국물 두 순갈

그렇다면 어떻게 위장의 부담을 덜어주고 소화 작용을 도울 수 있을까?

식후 1시간 정도가 지나도 위장에 음식이 그대로 있는 느낌이라면 위산 분비가 적은 것이다. 이런 증상을 가진 사람은 위산 분비를 촉진해서 소화가 빨리 되게 해야 한다.

위산 분비가 적어 소화에 어려움을 겪는 이들의 경우 식전에 동치미 국물을 몇 순갈 떠먹는 것만으로도 소화를 도울 수 있다. 동치미 국물은 위산의 분비를 자극하고 소화 작용을 돕는 효소와 유기산, 유익한 미생물(프로바이오틱스)이 풍부하기 때문이다.

이처럼 위액이 잘 분비될 수 있도록 사전에 위장의 준비 운동을 시켜주는 것도 좋다. 위산 저하증 환자는 식사 전에 새우젓에 들어 있는 새우 한두 마리를 먹는다. 위액의 원료는 염산인데 이 염산은 소금과 물이 만나서 만들어진다. 소화액이 적게 나와서 소화력이 떨어지는 이들에게는 적정량의 염분 섭취가 필수적이다.

이 밖에도 식전에 된장이나 집간장을 따뜻한 물에 찻숟갈로 한 순갈 정도 풀어 마시는 것도 좋다. 우리 전통 발효 음식은 소화를 돕는 훌륭한 소화제다.

새우젓
베타인 성분이 많아 소화액을 만들고 답즙, 산 분비를 촉진해서 소화 작용을 좋게 한다. 키틴, 올리고당 성분이 많아 면역 증강 작용과 암 전이 예방 작용이 기대된다.

위장의
노화를
막아라

위산이 적게 분비되는 위산 저하증 환자의 경우 위장이 일을 많이 하면서 위장벽이 얇아지거나 주름이 생기는 일종의 노화가 진행된다. 또 위축성 위염(위 점막이 만성 염증으로 얇아진 상태)을 동반하는 경우 역류성 식도염도 같이 있는 경우가 많다. 여기서 한 가지 더 위험한 것이 위장 세포의 '장상피화'다. 이는 말 그대로 위장 내벽 세포가 장의

위액을 충분히 분비해 소화를 돕는 방법

■ 식사 전에 동치미 국물 1~2숟갈 떠먹는다.

■ 식사 전에 새우젓에 든 새우 한두 마리를 먹는다.

■ 식사 전에 된장이나 집간장을 따뜻한 물에 찻숟갈로 한 숟갈 풀어 마신다.

■ 식사 도중 된장국이나 동치미 국물 등 소화에 도움이 되는 음식을 먹는다.

■ 식사 후에 식초를 물에 희석하여 조금 마신다.

■ 구연산은 세포에서 에너지를 생산하는 데 필수적인 성분으로 위산처럼
  소화를 돕는 작용을 가지고 있다. 구연산, 매실 엑기스, 사과 식초 등을
  물에 타서 식사 도중 또는 식후에 마신다.

■ 식도에 잔류하는 위산은 침에 의해 중화되므로, 침이 많이 분비되도록 입
  안에서 오랫동안 꼭꼭 씹어 먹는 습관을 들인다.

장상피화생

위의 점막이 장의 점막과 유사하게 변한 것을 말한다. 위에 염증이 생기고 회복되는일이 반복하며 생기는데, 헬리코박터 균에 감염되어 생긴 만성적인 위염이 주원인이다.

표피 세포를 닮아가는 것인데, 위장 점막이 강한 위산을 견뎌내기 어려워진 상태를 말한다. 장상피화가 진행되고 난후 잘못 관리하면 큰 질환으로 진행될 수 있기에 특히 더 주의해야 한다.

앞의 사례 환자처럼 역류성 위염이나 위축성 위염, 장상피화가 진행된 이들에게 가장 시급히 해줘야 할 일은 바로 위장의 일, 위장의 부담을 줄여주는 것이다. 가장 기본적인 방법은 다음과 같다.

위장의 일을 줄여주자

1. 조금 먹고 천천히 꼭꼭 씹어 먹는다.

2. 과식하지 않고, 간식하지 않고, 야식하지 않는다.

3. 기름진 음식, 유제품, 알코올, 탄산음료, 커피, 스트레스 등은 위 입구의 압
   력을 떨어뜨려 역류성 식도염을 악화시키니 피한다.

커피를
마시면서
위장약을
먹는다면

커피를 즐겨 마시던 사람이 어느 날 위장병에 걸렸다. 병원에 가서 위장 치료약을 받아 와 먹고 있지만, 커피는 끊지 못했다. 그렇다면 과연 완치될 수 있을까? 위장에 생긴 질환을 치료하기 위해 약을 먹는 일은 바닷가에서 모래성을 쌓는 것과 같다. 쌓아놓으면 무너지고 다시 쌓으면 또 무너진다. 질병 앞에서 모래성만 쌓고 있지 않으려면 약보다 잘못된 식습관을 고치는 것이 더 시급하다.

위장을 돕는 방법은 결국 습관을 바꾸는 것이다. 좋은 습관을 잘 들이는 것이 위장을 위한 최선의 일이다. 좋은 습관을 잘 들이면 몸 건강뿐만 아니라 사회생활도 성공할 수 있다. 위장이 건강해지는 습관의 변화를 통해 건강뿐만 아니라 사회적으로도 성공적인 삶에 한 발짝 가까이 다가가 보면 어떨까?

조리법에 따라서도
성분이 달라진다

자연 식재료는 저장과 가공 상태, 조리 방법에 따라서도 유효 성분이 달라진다. 이러한 성질을 잘 이용하여 음식 치유에도 활용할 수 있다.

마늘은 다지고 10분 뒤 사용

마늘의 주성분인 '알리신'은 천연 항생제라고 할 정도로 살균력이 강해서 곰팡이와 병원성 미생물을 죽일 수 있는 힘을 가지고 있다. 그러나 통마늘 상태에서는 곰팡이가 피기도 한다. 이는 마늘의 상태에 따라 유효 성분이 달라지기 때문이다.

마늘의 살균력은 생마늘 상태에서 가지고 있는 '알린'이 자체 효소에 의해 '알리신'으로 변화되었을 때야 비로소 나타나므로 으깨거나 잘라서 사용해야 한다. 일반적으로 으깨지고 10분 정도 후에 '알리신'이나 각종 황화합물 등의 유효 성분이 만들어진다고 하니 썰거나 다지고 10분 후에 사용하는 것이 좋다.

무를 썰어 말리면 상처 치유 효과 상승

무말랭이, 무시래기, 우엉, 표고버섯, 나물류는 햇볕을 잘 이용해 건조하면 보존 기간이 길어질 뿐만 아니라 생재료에는 없는 비타민 D와 독특한 맛과 향이 더해지기도 한다. 최근 사람들이 자외선을 차단하기 위해 노력하면서 오히려 비타민 D 부족 증상을 호소하는 경우가 많은데, 이렇게 햇볕에 말린 재료로 반찬을 만들면 비타민 D 보충에도 도움이 된다.

특히 무를 썰어 만든 '무말랭이'에는 상처를 치유하고 염증을 제거하는 '리그난' 성분이 많이 포함되어 있어 인체 내 염증 치료와 독소 제거, 항암 작용에 효과가 더 높다.

물에 살짝 데치면 더 좋은 재료들

미나리와 시금치, 토란 등과 같이 물을 만나면 좋은 성분이 더 많아지고 나쁜 성분이 줄어드는 경우도 많다.

미나리는 유방암, 난소암, 위암, 대장암, 방광암 등을 예방하고 체내 세포가 산화되는 것을 예방하며 염증 억제 효과를 가지고 있는 '쿼르세틴'과, 대장암 세포 증식을 억제하는 '캠프페롤'이라고 하는 강력한 항산화·항암 물질을 가지고 있다. 이러한 중요한 성분들은 생채소로 먹는 것보다 끓인 소금물에 살짝 데치면 60% 이상 증가되어 암 예방에 탁월한 효과를 가지게 된다. 물김치처럼 소금물에 숙성시켜 먹을 때도 이와 유사한 효과를 가진다.

시금치에 들어 있는 수산 성분은 결석의 원인이 되기도 하지만 끓는 물에 데치면 어느 정도 제거되고, 식초와 함께 나물로 무치면 식초에 있는 유기산인 구연산에 의해서 제거되므로 안심하고 먹을 수 있다.

토란에 들어 있는 아린 맛도 반드시 삶은 후에 조리해야 제거되는데, 이때도 옅은 농도의 소금물에 넣어 살짝 데치면 아린 맛이 제거되고 독성도 없어진다.

버섯 불린 물 버리지 말고 사용

버섯의 대표 성분인 수용성 베타글루칸은 물에 씻으면 소실되므로 깨끗한 키친타월로 먼지만 떨어낸 뒤 조리한다. 말린 버섯을 물에 불려서 사용할 때도 불린 물을 버리지 말고 사용하는 것이 좋다.

위장 활력 만능 식혜 바보식혜

복잡한 생각을 비우고 때로 바보처럼 사는 것이 위장을 편안하게 만들어준다. 이 식혜를
잘 담가 먹으면 마음을 편안하게 하고 위장에 좋다 하여 이름을 '바보식혜'라 지었다. 속
을 따뜻하게 만들고 구토 증상을 진정시키는 생강, 위 점막의 상처를 치유하는 베타카로
틴이 풍부한 단호박, 유황 성분이 많은 양배추가 주원료다.

재료

무 500g, 생강 100g, 양배추 300g, 엿기름 200g, 물 2L,
고두밥 1공기(불린 쌀 100g, 단호박 50g, 바나나 100g),
다시마 10cm x 10cm

만드는 법

❶ 물 2L에 무, 생강, 양배추를 넣고 30~40분
　정도 끓인 후에, 불을 끄고 다시마를 넣어
　약 20분 정도 우려내서 육수를 만든다.

생강은 껍질째 넣는다. 양배추는 속의 하얀 부분보다
바깥 부분에 치료 성분이 더 많다.
속이 찬 사람은 생강을 좀 더 넣는다.

❷ 육수를 미지근한 정도로 식힌 다음
　엿기름을 넣고 풀어준다. 두 시간 정도
　침전시키면 효소가 우러나는데, 이를
　가라앉혀서 식혜의 기본 물로 한다.

❸ 불린 쌀에 잘게 썬 단호박과 바나나를 넣고
　고두밥을 짓는다.

영양밥을 만들듯이 잘게 썬 재료를 섞어 밥을
짓는다. 단호박은 위장의 기능을 강화하고
베타카로틴 성분이 위 점막을 강화하는 효과가 있다.

❹ 엿기름 건더기를 걸러낸 식혜 물과 고두밥을
　보온밥통에 넣고 8~10시간 숙성시킨다.

식혜는 숙성된 상태이기 때문에 위에 부담을 주지 않으며
영양 흡수가 잘된다. 상한 위벽을 보호하고 염증을
가라앉혀 주는 식재료가 함께 조합되어서 위장에 좋다.

고두밥을 믹서로
갈아서 식혜 물에
다시 넣은 후 약한
불로 졸여서 시럽처럼
만들어서 식후 또는
수시로 먹으면 좋다.

3장

생각할 줄 아는 똑똑한 장

01
장(腸)은 제2의 뇌

몇 해 전 일이다. 36개월짜리 어린아이가 엄마 품에 안겨 약국에 왔다. 코에 식도를 통해 위로 연결되는 가느다란 줄(비위관)을 낀 아이였다. 이 아이는 태어나 얼마 되지 않아 심장판막 수술을 받았고 그 과정에서 식사를 할 수 없어서 코에 비위관을 끼고 음식물을 공급받았다고 한다. 그러나 몸에 심각한 알레르기 반응이 나타나면서 그마저도 제대로 섭취할 수 없어 고통받고 있었다.

코를 통해 음식물을 공급받던 아이

아이는 우리가 일반적으로 먹는 밥(쌀)에도 반응하여 두드러기가 올라왔다. 그야말로 먹을 수 있는 음식이 거의 없던 아이였다. 36개월이면 한창 걸어 다니고 이제 뛰어다녀야 할 시기인데 영양 섭취가 불량하고 정상적으로 발육되지 않은 아이의 몸은 이제 12개월 돌쟁이 정도로 보였다.

어린아이가 아프면 마음이 더 아프다. 이 아이가 약이 아닌 음식으로 치유된 이야기를 통해 우리 몸에서 일어나는 소화 흡수의 원리와 면역 체계의 관계를 살펴보려고 한다. 본격적으로 아이의 치유 과정을 설명하기에 앞서 장 기능을 중심으로 우리 몸에 음식물이 소화 흡수되는 과정에 대해 자세히 알아보자.

우리가 음식물을 섭취하면 위장은 열심히 소화액을 분비하고 연동 운동을 하여 잘게 부수는 일을 한다. 이를 '소화'라 한다. 2시간 정도 소화 시간을 거친 후 음식물이 장으로 내려오면 장에서는 이를 받아 몸에 흡수하기 좋게 만들어 몸의 각 기관에서 사용할 에너지로 전달할 준비를 한다.

입으로 먹었다고 해서 음식이 곧바로 우리 몸에 영양분이 되는 것은 아니다. 섭취한 음식이 몸에 들어가는 진짜 단계는 바로 장에서 이루어진다고 볼 수 있다. 외부에서 들어온 음식물이 우리 몸속에 들어오기 위해서는 숙성되고 분해되는 과정을 통해 일정한 자격을 얻어야 하는데, 바로 그 자격을 부여하는 일이 장이 하는 가장 중요한 일 중 하나다.

생명 활동을 관장하는 가장 원초적인 장뇌

장은 정말 똑똑하다. 예를 들어 오늘 저녁 정말 맛있는 음식을 먹었다고 하자. 그 순간 우리 두뇌는 "정말 맛있다, 빨리 더 먹어"라고 지시를 내린다. 그러나 이렇게 뇌가 허락해준 음식이라고 해도 장에서 내 몸에 맞지 않다고 판단하면 반드시 내쫓는 작업을 한다. 배가 아프거나 설사를 하는 식으로 무언가 불편한 기색을 정확하게 표시하는 것이다.

맛있다며 좋다고 먹었지만 속에서 탈이 난다면 결국 입은 속아서 먹은 것이고, 뇌는 습관적으로 이를 허락한 셈이다. 장에서 음식에 섞여 들어온 독소와 세균을 감지하고 설사로 내쫓는 일을 할 때까지도 입도 뇌도 그 음식이 몸에 나쁜 줄을 모르고 있던 것이다. 그 음식이 몸에 좋은지 좋지 않은지는 결국 여러 시간이 흐른 뒤 장에서 알려주는 몸의 반응을 보고야 알 수 있다. 이렇듯 우리 몸에서 생명 활동과 관련하여 가장 원초적인 판단 능력을 가진 장기가 바로 장이다.

이러한 장을 우리는 '제2의 뇌'라고 부른다. 장에도 뇌가 있다니 의아하게 들릴지도 모르겠다. 하지만 사실이다. 소위 머리라고 하는 두

뇌는 생각하고 창조하는 일을 한다. 장에 있는 뇌는 좀 더 근원적으로 우리가 먹고 사는 문제를 판단한다. 머리보다 먼저 우리 몸과 생명 기능을 생각하는 원초적인 뇌라고 할 수 있다.

　사람이 뇌사 상태에 빠지더라도 장은 계속 기능을 유지한다. 하지만 장이 기능을 잃으면 두뇌는 바로 활동을 정지한다. 이렇게 보면 두뇌보다 장뇌가 생명 현상을 지탱하게 해주는 뿌리에 해당된다고 볼 수 있다.

사실 지구 상에는 지렁이나 해파리처럼 뇌가 없는 강장동물이 무수히 많이 존재한다. 이들 강장동물들은 장이 뇌의 역할을 한다. 생존과 관련하여 원초적인 판단을 한다. 진화론에서 최초로 신경계가 탄생한 곳도 두뇌가 아니라 장이라고 하는 것을 보면 장에 있는 뇌가 머리에 있는 뇌의 조상일지도 모르겠다.

장도 습관을 들일 줄 안다

장이 뇌의 기능을 갖고 있다는 말은 판단할 줄 안다는 뜻이기도 하고, 습관을 들일 줄 안다는 뜻이기도 하다.

머리에 있는 뇌의 경우 반복적으로 일어나는 일을 습관화하여 자동화한다. 그래야 다른 새로운 일을 받아들여 일할 수 있기 때문이다. 이처럼 활동의 약 40%는 자동화, 습관화하는 것이 뇌의 주요한 특징 중의 하나다. 두뇌처럼 장도 그와 같은 기능을 한다. 평소 반복해서 들어오는 음식들이 있다면 이를 내 편으로 여기고 자동으로 문을 열어준다.

어떤 음식을 처음 먹었을 때 몸에 맞지 않아 설사를 했다고 치자. 그럼에도 그 음식이 계속 들어오면 장은 어느 순간 내 편이라 생각하고 문을 열어주기 시작한다. 몸에 좋지 않은 음식도 먹는 습관에 따라 나쁜 쪽으로 길들여질 수 있다는 얘기다.

여기서도 식습관과 길들이기의 중요성이 드러난다. 짜게 먹는 식습관으로 오랫동안 장을 길들인 사람은 고혈압 및 여러 질병에 걸리기 쉽다. 싱거운 음식으로 몸을 길들인 사람은 자연스럽게 그에 맞는 건강한 몸 상태가 된다. 이 때문에 건강을 위해서는 장을 잘 길들이는 것이 매우 중요하다.

사촌이 땅을 사면 배가 아픈 이유

'사촌이 땅을 사면 배가 아프다', '장이 꼬인다'라는 말이 있다. 왜 다른 곳도 아니고 배가 아프고 장이 꼬일까? '애가 끓는다', '애끓는 통곡' 할 때 '애'는 창자를 가리키는 옛말이다. 창자가 부글부글 끓을 만큼 몹시 안타까울 때, 또는 창자가 끊어지는 듯한 고통을 이를 때 우리는 이런 표현을 쓴다.

외부에서 여러 가지 스트레스를 받으면 우리 몸에서 제일 먼저 반응하는 기관이 바로 장이다. 우리 조상들은 오래전부터 장이 생각할 줄 아는 뇌의 기능을 가지고 있다는 사실을 알았던 것 같다.

실제로 장 안에는 뇌에서 분비되는 것과 유사한 신경 전달 물질들이 많다. 사람이 행복감을 느끼도록 만들어주는 신경 전달 물질인 '세로토닌'의 대부분은 장에서 만들어진다. 낮에 만들어진 세로토닌은 밤에는 멜라토닌으로 바뀌는데, 이는 우리의 수면을 돕는 일을 한다. '잘 먹고 잘 싸고 잘 자면 건강하다'는 우리 건강의 기본 원리는 모두 장에 달려 있다고 해도 과언이 아니다.

진짜 건강한 삶은 머리로 생각하기보다 장이 좋아하는 일을 할 때 찾아온다. 장은 마치 어머니와 같아서 우리 몸과 두뇌를 자식처럼 아끼고 보살핀다. 장을 잘 길들여 건강하고 행복하면 우리 몸도 뇌도 행복해진다. 그리고 이것이 바로 건강하게 장수하는 핵심 비법이다.

02
우리 건강의 최전선
장 관문

우리 몸의
문

　문은 들어오고 나가는 곳이며 안과 밖을 구분 짓는 통로의 핵심이다. 무엇이 들어오고 무엇이 나가느냐에 따라 안과 밖의 환경이나 내용이 결정되므로 문은 잘 관리되고 지켜져야 한다.

　이는 우리 인체도 마찬가지다. 피부와 호흡기, 소화기 등을 통해 우리 몸은 외부의 물질들과 끊임없이 접촉한다.

　이러한 작업은 몸 안의 세포 단위에서도 일어난다. 우리 몸은 수많은 문이 열리고 닫히며 외부와 소통하고 유기적인 생명체로 살아가고 있는 것이다. 이때 적절하게 문을 잘 열고 닫아야 외부로부터 영양을 받아들이기도 하고 우리 몸을 보호할 수도 있다.

　특히 입에서 항문까지 하나로 길게 이어진 관과 같은 소화 기관은 외부의 음식물을 통해 우리 몸의 에너지가 될 영양을 들여오는 중요한 통로다. 그 관의 내부에는 뮤신이라는 끈적끈적한 점액으로 덮여 있는 점막이 있는데, 이 점막에서 많은 병사(면역 세포)들이 활동하며 외부 물질의 진입을 엄격히 관리하고 있다.

음식물이
들어오는
핵심 관문
장 점막

이 중에서도 소장은 위에서 소화된 음식물로부터 나온 영양분을 실질적으로 몸 내부로 흡수하는 가장 중요한 통로인 장 관문이 있는 곳이다. 그리하여 병사들(면역 세포)이 가장 많이 지키고 있고 점막 또한 가장 발달된 곳이 바로 이 '장 관문'이다.

이렇게 막중한 역할을 수행하는 점막이 망가져 구멍이 뚫린다면 어떻게 될까? 항생제 등 화학 약물과 방부제 등 첨가물이 들어 있는 음식, 술, 커피, 유해균이 내뿜는 독소, 스트레스 등이 장 점막을 파괴하고 훼손하는 원인으로 꼽힌다. 이 같은 여러 원인에 의해 장 점막이 상처를 받고 훼손된다면 우리 몸은 각종 질환에 노출될 수밖에 없다. 장 점막을 건강하게 잘 관리하는 일은 우리 건강의 기초를 튼튼히 하고 인체 내부의 환경을 정화하는 출발점이다.

한 가지 더 이야기하자면, 장 점막에는 인체를 구성하는 중요한 구성원 중 하나인 미생물 균총이 자리 잡고 있다. 이 미생물들은 장 관문을 관리하고 통제하는 사령부 격인 장 점막에 있는 신경 세포·면역 세포들과 깊은 유대 관계를 형성하며 살아가고 있다. 이러한 유익 미생물들은 장 점막을 파괴하는 유해균을 억제하면서 인체가 필요로 하는 각종 물질들을 생산하고 영양 물질의 흡수를 돕고 있다.

최근 발표된 여러 연구 자료에 따르면, 장내 미생물 균총이 균형을 잃거나 파괴되는 경우 대장 질환뿐만 아니라 알레르기, 암, 치매, 자가 면역 질환 등을 일으키는 원인이 된다. 심지어 비만, 당뇨 등 현대인이 앓고 있는 생활 습관병의 대부분이 이러한 미생물의 활동과 관련이 있다는 연구 보고가 계속해서 나오고 있다. 여기서는 일단 장 점막에서 활동하는 여러 면역 세포들과 미생물들이 우리 건강의 최전선에서 서로 대화하고 힘을 합하며 관문을 지키고 있다는 점을 기억해두자.

장은 출입국 심사관이다

음식물이 우리 몸에 영양분으로 사용되려면 흡수되기 좋은 형태로 잘 쪼개져야 한다. 즉 적당히 숙성되고 분해되어야 우리 몸에 들어갈 수 있다. 예를 들어 탄수화물은 포도당으로, 지방은 지방산으로, 단백질은 아미노산으로 분해되어야 우리 몸에 들어갈(흡수될) 자격을 얻게 되는 것이다.

'자격을 얻는다'는 것은 '숙성 발효시키다'와 같은 의미다. 만약 장에 들어온 음식이 숙성 발효가 잘 이루어지지 않아 분해되지 않으면, 흡수되지 못한 찌꺼기가 장 안에서 부패해서 몸에 각종 질병을 일으키는 원인이 될 수 있다. 때로는 자격이 없는데도 잘못 들어와 몸에 혼란을 일으키고 각종 면역 질환이 발생하기 쉬운 환경을 만들기도 한다.

이러한 이유로 장에는 아무나 들어갈 수 없도록 점막이라는 방어벽이 구축되어 있다. 굳이 비유하자면 우리 몸의 인천공항과 마찬가지다. 공항에서 여권이 없으면 출입이 제한되듯이, 입으로 먹은 음식물이라 할지라도 우리 몸으로 들어갈 수 있는 일정한 자격을 갖추지 않으면 장에서 출입을 제한한다. 들여올 것과 내보낼 것을 구분하는 출입국 심사와 같은 일이 장 점막에서 이루어진다고 볼 수 있다.

장 점막에 주둔한 면역 세포들

장 점막이라는 방어벽에는 면역 세포가 주둔하고 있다. 백혈구, 즉 과립구, 단핵구(대식세포), 림프구 등 우리 몸의 면역 세포의 80%가 바로 이 장 점막에 위치하고 있는데, 이들은 국가의 안보를 위해 싸우는 군인들과 비슷하다.

적절하게 분해되지 않은 성분이 장 점막을 통해 몸 안으로 들어가려하면 우리의 똑똑한 장은 이 물질을 적으로 간주하고 면역 세포를 출동시켜 싸우게 한다. 이러한 몸 안의 전쟁을 '면역 반응'이라고 한다. 통상적으로 이러한 정상적인 면역 반응은 아무런 문제 없이 지나간다.

그러나 이러한 싸움이 자꾸 반복되거나 한꺼번에 벌어지면 어떻게 될까? 그러니까 자격이 없는 음식물이 자주 들어오거나 한꺼번에 많이 들어오는 일이 반복되는 경우 말이다.

예를 들어 급하게 먹거나, 과식하거나, 시도 때도 없이 자주 먹거나, 야식을 먹거나, 찬 음료를 많이 마셔 장을 차게 만든다고 가정해보자. 장속으로 들어온 음식물들이 제대로 숙성되고 발효될 수 있을까?

이 경우 장의 기능은 급속도로 떨어지고 결국 흡수되지 못한 영양분들이 몸 안에 남아 부패하거나 그 안에서 면역 반응과 관련한 엄청난 전쟁이 벌어지게 된다.

점막이라는
방어벽에서
일어나는 전쟁

여권이 없는 사람이 국내에 들어왔다고 가정해보자. 아니면 모르는 사람이 우리 집을 침입했다고 치자. 아마도 국가 안보와 치안을 위해 군인과 경찰이 출동할 것이다. 우리 몸 안에도 이와 마찬가지로 군인과 경찰을 닮은 면역 세포가 있다. 이 두 종류의 면역 세포를 각각 Th1과 Th2라고 한다.

> **보조(Helper) T세포**
> 세포 면역을 발동시키는 T세포를 Th1이라 하고
> 체액 면역을 발동시키는 T세포를 Th2라고 한다.
>
> Th1의 과다한 활동 ➡ 자가 면역 질환을 유발
> Th2의 과다한 활동 ➡ 알레르기 질환을 유발

몸 안에 독성 물질을 제거해야 할 일이 많아지면 Th1 세포의 활동이 많아진다. 그런데 이 세포의 활동이 과해지면 혼란이 생긴다. 적군과 아군의 구분을 못하고 내 몸을 적으로 착각하여 공격하는 초유의 사태가 벌어진다. 이것이 흔히 이야기하는 자가 면역 질환이 발생하는 원리다.

Th2 세포의 활동이 과다하게 증가할 경우에는 알레르기 질환이 발생할 가능성이 커진다. 과민해진 면역 세포가 아무나 붙잡고 싸우려 하는 것이 아토피나 천식, 알레르기 비염 등으로 나타난다.

사회가 극도의 혼란에 빠지면 정상적인 사람들도 범죄자로 오인될 수 있다. 우리 면역 세포도 싸움꾼이 많아지면 많아질수록 혼전을 벌인다. 면역을 지켜야 할 면역 세포들이 광적인 판단을 하여 적과 아군을 구분하지 못하는 미치광이 세포(Th1의 경우)로 변하기도 하고, 너무 민감해져서 아무나 붙잡고 싸우려는(Th2의 경우) 경향을 보이기도 한다.

자가 면역 질환
자신의 항원에 대해 항체를 만들어서 생기는 면역병으로 류머티즘성 관절염, 크론병, 다발성 경화증, 제1형 당뇨, 루푸스 등이 있다.

알레르기 질환
아토피성 질환으로 해석되는 경우가 많고, 기관지 천식, 알레르기 비염, 알레르기 피부염, 두드러기 등이 포함된다.

꽃가루 좀 들어왔다고 해도 아무렇지 않은 사람이 있는 반면, 재채기를 하거나 콧물이 나는 등 과민하게 반응하는 사람이 있는 것은 몸 내부의 면역력이 사람마다 다르기 때문이다.

일반적으로 면역력이 '강하다' '약하다'라고 말하지만, 그보다 더 중요한 것은 나와 너, 아군과 적군을 구분할 줄 아는 면역 세포의 역할이다. 이 중요한 면역 세포의 대부분이 바로 장에서 활동하고 있다. 그러므로 장에서 면역 세포들이 역할을 제대로 해줘야 비로소 건강의 기초를 튼튼히 할 수 있는 것이다.

점막을 지키는
또 다른 병사 ´
미생물

소화가 잘 되지 않은 음식물 찌꺼기(항원)가 몸 안에 들어오면서 면역 반응이 과하게 일어나 질병이 생기기도 하지만, 또 다른 원인으로 장내 생태계를 건강하게 만들어주는 미생물이 부족할 경우에도 질병이 생긴다.

외부 물질로부터 내 몸을 지키는 방어벽인 장 점막에서 끊임없이 여권(자격)을 만들어주는 일을 하는 존재가 있는데, 바로 우리 몸속에 살고 있는 미생물들이다. 미생물들은 장에 들어온 음식물이 흡수되기 좋도록, 쓸모 있도록 숙성 발효시키는 일을 한다. 내 안에서 나를 지키는 또 다른 나인 셈이다.

최근 연구 자료에 의하면, 어렸을 때(특히 3개월 미만 어린이가) 항생제에 노출될 경우 장내 미생물 균총이 무너져 각종 알레르기 질환이나 자가 면역 질환에 취약해질 가능성이 높아진다. 옛날에는 작은 미생물의 세계를 볼 수 없었지만, 지금은 과학이 눈부시게 발달하면서 미생물의 효용성이 더욱 각광받고 있다. 미생물에 관해서는 다음 장에서 좀더 자세하게 설명하겠다.

03

면역 세포를 길들이다
자가 면역 질환과
알레르기 질환

기생충으로
면역 질환을
치료하다

편충

쌍기충류에 속하며 맹장에 기생하는 선충이다. 회충, 구충 등과 함께 토양 매개의 기생충이며 여러 개의 개체가 기생하면 빈혈, 설사, 복통, 충수염을 일으킨다.

2012년에 미국과 독일에서 흥미로운 실험이 이루어졌다. 사람에게 돼지 편충 알을 먹이는 실험이었는데, 류머티즘이나 아토피 같은 난치성 질환을 앓던 사람들의 병증이 호전되는 결과가 나타나 놀라움을 주었다.

현재 이 편충 알을 이용한 신약은 미국과 독일에서 임상이 끝났고, FDA의 승인 절차를 밟고 있다고 한다. 놀라기만 할 것이 아니라 이 실험의 원리를 들여다볼 필요가 있다.

자가 면역 질환이나 알레르기 질환 같은 난치성 질환을 앓고 있는 이들의 몸에 어느날 돼지 편충 알이 들어갔다. 몸 안의 면역 세포들이 화들짝 놀랐다. 내 몸을 적으로 알고 적을 내 몸으로 오인하며 혼전을 벌이던 이들에게 '진짜 적'이 나타난 것이다. 말 그대로 비상사태가 발생했다. 이내 면역 세포들은 집 안 싸움을 중단하고 진짜 적과 싸울 태세를 갖춘다. 정신이 바짝 들면서 이제야 적군과 아군을 구별하게 된 것이다.

돼지 편충 알 이야기를 꺼낸 것은 약이 나오기를 기다리라는 뜻이 아니다. 면역 세포가 이처럼 훈련 가능하다는 이야기를 하려는 것이다.

기생충 연구자들에 따르면, 일부 기생충은 인체의 면역 시스템을 자극하여 우리 몸이 정상적으로 작동하도록 훈련시키고 올바른 면역 체계를 만드는 데 도움을 준다.

진짜 적이 **나타났다**

예를 들어 설명해보자. 사랑해서 맺어진 부부라 해도 막상 결혼해서 살면서 수도 없이 부딪치고 싸우면 서로 남만 못하게 생각하고 행동하는 경우가 종종 있다. 그야말로 원수 같은 부부가 되는 것이다. 그런데 부부 중 어느 한쪽이 바깥에서 다른 사람들의 공격을 받게 되었다고 치자. 이때 남아 있는 배우자는 어떻게 할까? 팔짱 끼고 잘됐다며 구경만 하고 있을까?

대부분의 경우 똘똘 뭉쳐 외부의 적에게서 배우자를 구해내려 한다. 외부의 큰 적이 왔을 때에야 내부의 부부 싸움은 종결되고 공동의 적을 향해 동맹하게 된다. 우리가 남인 줄 알고 싸웠는데 알고 보니 운명 공동체인 가족임을 새삼 느끼며 새로운 가정으로 거듭나게 되는 것이다.

면역 세포가 정상적으로 거듭나는 원리도 이와 유사하다. 과민해져서 내 몸을 공격하고 아무에게나 싸움을 거는 '문제 세포'가 되었다가, 편충 알과 같이 더 크고 새로운 적이 나타나자 그제야 정신을 차리고 원래 역할로 되돌아갈 수 있던 것이다.

이런 예를 들여다보면 인간사나 우리 몸속 세포들의 일이나 크게 차이가 없어 보인다.

'짧은 단식'이 주는 **면역** 세포 훈련

일상에서 면역 세포를 훈련시키는 좋은 방법 중 하나로 '짧은 단식'이 있다.

알레르기성 아토피를 앓고 있는 환자가 어느 하루 저녁, 식사를 하지 않고 굶었다고 치자. 내 안의 삐뚤어진 면역 세포가 막 싸울 태세를 하고 있었는데 막상 싸울 상대(음식물 찌꺼기, 항원)가 나타나지 않자 이 면역 세포는 할 일이 없어졌다. 그리고 그날은 편안하게 휴식을 취하게 되었다.

휴식 시간을 보내다 보니 잠시 싸움은 잊고 안정을 취하게 되었다. 싸움거리를 만들지 않는 것, 즉 싸움을 걸어오는 항원을 줄여 민감하고 과격해진 세포가 잠시 안정을 찾도록 만들어주는 것도 일종의 훈련을 통한 세포 길들이기의 한 방법이다.

물론 단식보다 더 중요한 것은 장 점막을 튼튼하게 하고 장에서 일하는 미생물들을 도울 수 있는, 몸에 좋은 음식들을 섭취하는 것이다. 올바른 식습관만큼 좋은 길들이기는 없다.

장 점막을 튼튼하게 하는 음식

장의 기능이 원활하기 위해서는 무엇보다 장 점막이 튼튼해야 한다. 방어벽, 그러니까 면역 세포들이 활동할 무대가 건강해야 장 기능도 원만하게 이루어질 수 있다.

만약 장 점막에 구멍이 뚫리면 이는 장벽이 무너지는 것과 같다. 면역 세포들이 혼란을 겪고 과민하여 긴장하게 되고 이는 결국 질환으로 이어지게 된다.

장에서 벌어지는 전쟁은 우리 몸의 건강 상태를 보여주는 지표다. 만

장을 건강하게 관리하기 위한 몇 가지 방법

1. 입에서 음식을 꼭꼭 씹어 먹는 일부터 시작한다.

충분히 소화가 된 음식을 장으로 보내야 장에서 우리 몸에 흡수될 자격을 만들어주기가 수월하다.

2. 음식물을 제대로 흡수하기 위해서는 장이 따뜻해야 한다.

청량음료, 차가운 물, 인스턴트식품에 노출되어 있는 현대인들의 식습관이 문제가 되는 이유가 바로 여기에 있다. 장이 차가우면 장 기능이 떨어져, 아무리 몸에 좋은 음식을 먹어도 제대로 숙성 발효시킬 수 없다. 몸속에서 쓸모없게 되어버리고 흡수되지 못한 음식물은 영양은커녕 부패가 되어 독성 물질을 발생시킨다. 복부 비만도 냉증이 가장 주요 원인 중 하나다.

3. 마지막으로 장 운동을 활발히 해야 한다.

연세가 지긋한 분이 다리를 다쳐서 병원에 입원했는데 다친 다리와 관계없이 폐렴, 패혈증 등에 걸려 돌아가시는 경우가 종종 있다. 이는 단순히 면역 기능이 떨어졌기 때문이라기보다, 침대에서 오래 생활하면서 장 운동이 이루어지지 않다 보니 소화되지 않은 음식물이 장에서 부패하고 이로 인해 독성 물질이 만들어져 병을 일으키기 때문이다. 장 건강을 위해서는 걷고 움직이는 몸의 활동이 매우 중요하다. 움직임이 어려운 환자들에게는 그래서 특히 소화에 도움이 되는 치유식을 제공해야 한다.

성 질환 대부분이 장 건강이 무너지면서 발생한다는 사실을 기억할 필요가 있다.

베타카로틴이 풍부한 단호박과 유황 성분이 많은 양배추는 점막의 상처를 치유하고 장 점막을 건강하게 하는 데 효과적인 음식들이다. 또한 장내 생태계를 건강하게 만들고 유익 미생물들이 좋아하는 프락

토올리고당 같은 먹이를 공급하기 위해서 과일과 채소 등을 삶아서 만든 과채수프로 미생주스 등을 꾸준히 복용함으로써 장 점막을 튼튼하게 할 수 있다.

음식으로 치료할 수밖에 **없는 이유**

그런데 왜 음식이 아니고서는 이 문제를 해결할 수가 없을까? 약 한 알로 장 점막을 치료할 수는 없는 걸까?

외부 음식물이 인체 내로 흡수되는 장에서 일어나는 일이다. 음식물이 소화 흡수되는 과정에서 장의 점막이 약해지고 손상되어 방어벽에 구멍이 뚫린 것을 화학적인 약으로 치료할 수 있다고 생각하는 것은 시작부터 잘못되었다.

장 건강의 핵심은 장 점막을 강화하는 일과 유익 미생물들을 잘 살게 하는 일로, 약이 아닌 음식만이 할 수 있는 일이다. 잘못된 음식 습관에 의해서 망가진 장을 회복시키기 위해서는 올바른 음식 섭취를 통해 접근하는 것이 훨씬 쉽고 효과도 빠를 수밖에 없다.

요리하는 약사 한형선의
음식 치유
노트 ❺

바보야,
문제는 소화 흡수야

섭취한 음식물을 잘 소화 흡수하기 위해서는 위와 장 기능이 원활해야 한다. 이때
소화 흡수되기 좋은 형태로 음식물을 섭취한다면 더 도움이 된다.

일반적으로 날것으로 먹는 것에 비해 삶거나 갈아서 수프처럼 먹는 것이 소화가
편하고 유효 성분의 흡수율이 높다.
채소에 들어 있는 각종 영양 물질과 미네랄은 미생물 작용이 활발한 발효 상태에
서 흡수가 잘된다. 생야채로 먹는 것보다 김치나 장아찌를 담가 먹는 것이 영양 흡
수율이 더 높다.
쌀과 콩 등 식물성 지방(오메가-3)을 함유하고 있는 곡류는 미네랄과 단백질이 풍
부한 갯벌이나 바다에서 나오는 식재료와 함께 먹을 때 소화는 물론 흡수가 용이
하다. 베타카로틴 등 지용성 영양 물질은 식물성 지방을 함유하고 있는 곡류에 의
해서 흡수가 극대화될 수 있다.

이처럼 음식 재료가 가지고 있는 영양 물질의 특성과 먹는 방법에 따라 인체 내 유효
성분의 흡수율을 높일 수 있다는 점을 기억하자.
예를 들어 채소와 과일을 적당한 크기로 자른 다음 찹쌀로 만든 풀을 넣고 새우젓 등
바다에서 나온 재료를 넣은 후 잘 발효된 간장으로 간을 맞추어 물김치를 담가 먹으
면 유효 성분을 가장 효과적으로 흡수할 수 있다.

치유의
레시피

장속 미생물의 먹이가 되는 과채수프

심한 알레르기에 시달리던 아이를 회복시킨 음식이다. 과일을 삶을 때 나오는 당을 프락
토올리고당이라고 하는데, 이는 미생물이 가장 좋아하는 먹이다. 장속 미생물을 살리고
장 점막도 튼튼하게 만들어줄 수 있는 음식이 바로 과채수프이다.

재료

사과 100g, 바나나 150g, 양배추 100g,
단호박 100g, 토마토 150g, 버섯 60g
(팽이, 표고, 새송이 중 1~3개),
물 700~800mL

만드는 법

❶ 사과, 바나나, 양배추, 단호박, 토마토, 버섯을
  적당하게 썰어 냄비에 물을 재료 양과 1 대
  1 정도 비율로 붓고 30~40분 정도 충분히
  끓인다.

❷ 한 김 식힌 후 믹서로 간다.

❸ 먹을 때 약간의 식초와 집간장을 넣으면
  흡수율이 더 좋아진다.

  *유아나 설사를 많이 하고 배가 자주 아픈 사람은
  조청을 섞어서 먹으면 더 좋다.

토마토는 전립선이나 소변, 신장,
방광에 문제가 있을 때 도움이
되는 재료다. 연세가 있는 분들은
조금 더 넣어 요리해도 좋다.
토마토는 생으로 먹는 것보다
익혀서 먹을 때 영양 흡수율이
훨씬 높다.

4장

우리 몸을 살리는
꼬마 난쟁이들

01

내 몸의 또 다른 주인
미생물

우리 몸에는 내가 아니면서 나보다 더 중요한 일을 하는 또 다른 생명체가 살고 있다. 바로 미생물이다. 우리 몸이 60조 개의 세포로 이루어져 있는데, 우리 몸에 살고 있는 미생물은 100조 개가 넘는다고 한다. 내가 내 몸의 주인이라 말하기가 조금 미안해지는 대목이다.

미생물의 관점에서 보면 우리 몸은 미생물이 살아가는 커다란 생태계다. 특히 소장과 대장은 인체에서 가장 많은 미생물이 살고 있는 곳으로, 미생물은 이 안에서 참 많은 일을 한다.

미생물이 하는 일

사람은 섭취한 모든 음식을 소화시키는 데 필요한 효소를 다 가지고 있지 않다. 장내에 들어온 음식물이 소화 흡수될 수 있도록 숙성과 발효를 하는 것이 바로 미생물이다. 최근 연구에 따르면, 장내 미생물이 만들어내는 효소가 간에서 만들어내는 효소 양의 무려 6배에 이른다. 미생물은 섭취한 음식물을 분해하고 흡수를 도와주는 일 외에도 비타민, 항생 물질, 호르몬 등 우리 인체가 필요로 하는 여러 유익 물질을 생산하여 공급한다.

유해균을 억제하면서 면역 세포의 주 활동 무대인 장 점막을 보수하고 튼튼하게 만드는 것 또한 미생물이 하는 일이다. 실제 우리 몸 안에서 이루어지는 생명 활동 대부분을 미생물들이 하고 있다고 보면 된다. 자기가 사는 생태계를 건강하게 만드는 일을 하면서 동시에 우리 몸을 건강하게 만들어주는 것이 바로 내 몸속의 또 다른 나, 미생물인 것이다.

이렇게 이야기하고 보니 어쩌 미생물이 몸의 주인인 것 같은 느낌이 든다. 우리가 주인이 따로 있는 집에 잠시 얹혀사는 하숙생 같은 존재가 아닌가 싶은 것이다. 하지만 미생물을 못살게 구는 '갑질'은 어째 사람이 더 하고 있는 것 같다. 방부제가 섞인 음식, 식이섬유(미생물의 먹이)가 없는 인스턴트식품, 항생제가 포함된 화학 약품 등 미생물을 힘들게 하는 먹을거리를 아무렇지 않게 입에 넣는 것이 바로 우리의 모습이기 때문이다.

출생 과정에서 최초로 획득

우리 몸에는 100조 개에 달하는 수많은 미생물이 살고 있다. 하지만 처음부터 미생물이 몸 안에 존재한 것은 아니다. 참고로 말하자면 어머니의 양수는 미생물이 전혀 없는 무균 상태다. 그렇다면 미생물은 언제 최초로 우리 몸에 들어왔을까?

미생물은 출생 과정에서 처음으로 우리 몸에 들어온다. 태아는 엄마의 자궁 입구부터 약 10cm의 산도를 따라 나오면서 미끈한 점막을 지나는데 이때 엄마가 가진 미생물이 최초로 태아에게 전달된다.

신비로운 것은 출산이 임박해오면 산도에 있는 미생물의 종류와 수가 현저히 달라진다는 점이다. 엄마의 몸에서 공생하는 미생물들 중 1차로 선발된 건강한 미생물들이 이 10cm의 산도에 몰려든다. 여기에는 갓 태어난 아기에게 유익한 최적의 미생물들이 포진해 있다. 주로 모유를 소화시키는 데 필요한 효소를 생산하는 미생물과 아기의 1차 면역을 담당하는 미생물이 중심을 이룬다.

이렇게 1차 면역을 담당하는 미생물이 출산 과정에서 아기에게 넘어가는 일까지가 바로 출생의 첫 번째 완성이다. 최근 제왕절개 출산 비율이 높아지면서 1차 면역 시스템을 만들 기회를 놓치는 아이들이 많아지

고 있는 것은 참 안타까운 일이다. 이는 첫 번째 단추가 잘못 끼워지는 순
간이기도 하다.

모유 안에
들어 있는
미생물의 신비

이어 두 번째로는 모유 수유를 통해 미생물을
전달받는다. 놀라운 것은 어머니의 젖에 아기의 건강을 위한
영양 성분만 들어 있는 게 아니라는 사실이다. 아기에게 전혀 소화 흡
수되지 않는 올리고당도 포함되어 있다. 왜 그럴까? 이는 바로 미생물
들을 위한 먹이로, 아기의 몸에서 미생물이 살아갈 수 있도록 모유를
통해 양분을 제공하는 것이다.

이 같은 생명의 신비를 보면 자연의 섭리가 정말 놀랍다. 마치 오랜
친구인 미생물과 우리의 인체가 만들어놓은 멋진 조화를 보는 듯하다.

인간의 탄생 과정에서 자연의 섭리가 이럴진대 우리는 평소 먹는 음
식이나 건강 관리에서 미생물에 대한 배려를 얼마나 하고 있을까?

과거 미생물이라고 하면 전부 우리의 적이라고 생각하던 시대가 있었다. 그러나 이제 우리 몸에 유익한 미생물을 어떻게 활성화할 것인가가 건강을 지키는 데 매우 중요한 시대가 되었다.

POINT 음/식/이/ 약/이/ 되/는/ 습/관/

유익한 미생물이 우리 몸에서 하는 일

- 장 상피 세포의 가장 중요한 에너지원으로 사용된다.
- 장 상피 세포의 조직을 견고하게 해서 장벽을 강화하고 유해 물질 유입을 억제한다.
- 장 점막에서 증식하여, 알레르기를 일으키는 물질이 장 점막을 통과하지 못하게 한다.
- 면역 조절과 항염증 작용, 자가 면역 질환 조절 작용을 한다.
- 장 점막에 바이러스, 유해균이 붙는 것을 방해한다.
- 비타민 B2, B3, B5, B12, 비오틴, 비타민 K 등 비타민을 생산한다.
- 마약성 물질과 유사한 기전으로 통증을 감소시킨다.
- 장의 연동 운동을 정상화하고 숙변을 제거하여 변비와 설사를 낫게 한다.
- 대장 독소가 흡수되는 것을 막아 간을 보호한다.
- 발암 물질에 붙어 발암 물질을 무력화하는 항암 작용이 있다.
- 김치유산균은 암 환자의 통증을 감소시킨다.
- 이 밖에도 유익 미생물이 우리 몸에서 하는 일은 무궁무진하다.

02

노화란 미생물의 수가
줄어드는 것

진짜 노화를
막는 방법

많은 사람들이 주름을 없애고 젊게 보이기 위해 보톡스 주사를 맞는
다. 하지만 과연 이런 방식으로 진정한 의미의 노화를 막을 수 있을까?
노화든 질병이든 80%는 장 건강에서 시작된다고 한다. 장에서 제대로
숙성되지 않은 음식물 찌꺼기는 독소로 변해 건강을 해치고 질병을 일
으키는 주요 원인이 된다.

이는 세포를 훼손해 몸을 노화시키는 주범인 유해균의 증식 원인이
기도 하다. 그러니 장을 어떻게 관리하느냐가 보톡스를 맞는 것보다 더
효과적으로 노화를 막고 젊게 사는 비법이 될 수 있다. 그 핵심은 바로
장내에 살고 있는 유익 미생물들이 건강하게 살 수 있는 환경을 만들어
주는 것이다.

조금 거창하게 이야기하자면 장은 우리 몸을 총괄하는 면역 시스템
의 총사령탑이다. 머리 뇌의 지배를 받지 않고 스스로 필요한 것을 흡

수하고 불필요한 것을 배출하는 등 대부분의 생명 활동을 결정할 수 있는 똑똑한 장기다. 그러한 장이 가장 신뢰하는 파트너가 있는데, 바로 장내에 살고 있는 유익한 미생물들이다.

제3의 장기 미생물

소장과 대장은 우리 몸에서 미생물이 가장 많이 살고 있는 곳이다. 미생물은 우리가 섭취한 음식물을 분해하고 흡수를 도와주는 일을 한다. 장 점막에 포진해 있는 면역 세포와도 긴밀하게 소통하면서 소화 흡수를 돕고 장 점막도 튼튼하게 해준다. 이 외에도 비타민, 항생 물질, 호르몬 등 우리 몸이 필요로 하는 물질 상당수를 생산하고 공급하는 데 관여하고 있다.

우리에게는 요구르트 광고로 유명해진 메치니코프는 장내 유산균을 연구하여 1908년 노벨상을 받은 학자다. 그는 소장과 대장에 사는 좋은 균이 유해균을 억제하면 장이 깨끗해지고 면역이 증강된다는 사실을 처음으로 연구했다. 그는 핏줄이 딱딱해지는 동맥경화가 사람을 늙게 만드는 원인이라고 생각해, 유산균이 해로운 세균을 없애주면 핏줄이 딱딱해지지 않아 코카서스 지방 사람들처럼 장수할 수 있다고 믿었다. 그리하여 유산균의 한 종류인 불가리아 균을 마시며 평생 건강을 지켰다고 한다.

메치니코프 이후 현대 의학은 수많은 연구를 통해, 장내 유산균이 단순히 장 건강 증진뿐 아니라 훨씬 많은 일들을 하고 있음을 알게 되었다. 현재는 장내 미생물을 '제3의 장기'라고 부를 정도로 그 역할과 중요성을 인정하고 있다.

미생물 불균형이 질병의 원인이다

이렇게 중요한 몸속 미생물이 최근 몇 년 사이 급격하게 줄어들고 있다고 한다.

연구 자료에 따르면, 현대인들의 장 내부에 있는 유익한 미생물의 비율이 몇 년 전에 비해 크게 떨어졌고 대신 유해한 미생물의 수가 늘어나면서 유익균과 유해균 간의 균형이 무너지고 있다. 더 심각한 문제는 이러한 불균형이 많은 질병의 원인이 된다는 점이다.

최근 발표되는 많은 연구 자료들에서도 이 장내 미생물총의 불균형과 파괴가 대장 질환을 넘어 알레르기, 암, 치매, 자가 면역 질환, 심지어 비만과도 관련성이 있다고 한다.

그렇다면 유익 미생물의 수가 줄어든 이유는 무엇일까? 항생제, 제산제, 진통소염제, 식품에 첨가된 방부제 등 각종 화학 물질들이 유익한 미생물이 살기 힘든 환경을 만들었기 때문이다. 이는 결국 현대인의 장을 병들게 하고 우리 인체의 가장 중요한 방어 전선인 장 점막의 건강을 무너뜨리는 결과를 낳았다.

새는 장 증후군

세계 최초로 대장 내시경을 통해 장에 생겨난 폴립을 제거하는 데 성공한 일본의 대장 전문의 신야 히로미. 그는 수많은 환자의 장 상태를 검사하면서 장 상태가 사람마다 다르다는 사실을 알게 되었다. 건강 상태뿐만 아니라 그 사람이 지금까지 살아온 환경, 심지어 남아 있는 수명까지도 어느 정도 추측할 수 있다는 것이다.

특히 육식이나 인스턴트식품, 화학적으로 만든 의약품을 오랫동안 먹어온 사람들은 장의 노화가 진행되어 장 점막 세포가 균열이 가고 깨

'새는 장 증후군'이라고도 부른다. 장 점막의 구조가 느슨해져 해로운 물질이 무방비로 체내에 흡수되며 자가 면역 질환 등을 일으키는 원인이 된다.

져 인체에 해로운 물질이 무방비 상태로 체내로 흡수되는 소위 'LGS 증후군(새는 장 증후군)'을 가지고 있는 사람이 많다.

이들의 장에는 무너진 장 점막을 보수하여 조밀하게 만들어주고 장 점막을 코팅하는 뮤신을 만드는 유익한 미생물(락토바실러스, 비피더스균 등)의 수가 현저하게 적었다고 한다.

반대로 엔테로박테리아 등 유해 미생물의 수는 늘어나 장내 미생물 균형이 깨지면서 장의 노화와 건강 이상이 급속도로 진행된 것을 쉽게 확인할 수 있다.

미생물 회복이 치료의 시작

유익한 미생물이 줄어든 장은 여러 가지 문제에 직면하게 된다. 특히 노인 중에는 만성 설사나 변비로 고생하는 이들이 많다. 이를 대수롭지 않게 여기다가 영양 섭취가 올바로 되지 않아 기운이 떨어지고 감기 등 감염성 질환에 노출되면서 갑자기 폐렴이 오고 증상이 악화되어 결국 사망에 이르는 경우를 종종 본다.

미생물의 관점에서 보면 노화란 미생물의 수가 감소하는 것이다. '죽음의 80%는 대장에서 시작된다', '노화는 대장에서 시작된다'라는 말은 그만큼 평소 장 건강의 중요성을 인식하고 잘 관리할 필요가 있다는 뜻이다.

덥다고 차가운 음료나 음식을 지나치게 먹거나 조금이라도 상한 음식을 잘못 먹게 되면 함께 들어온 유해 미생물 때문에 장염 등의 질환이 찾아오기가 쉬워진다. 특히 환절기에는 소화 기능과 면역 기능이 약해지므로 소화 흡수를 돕는 전통 발효 음식인 된장, 청국장, 김치, 동치미 등을 섭취하는 것이 좋다. 더불어 식초를 넣어 무친 나물 등도 미생물의 활동에 도움이 된다. 유익한 미생물이 힘을 잃지 않도록 잘 관리함으로써 지속적으로 장내에서 유익한 미생물이 우세한 힘을 발휘하도록 하는 것이 중요하다.

어떤 질병이든지 치료를 위해 첫 번째로 떠올려야 할 것이 있다면 바로 '미생물의 회복'이다. 미생물은 내 몸 안의 또 다른 주인이면서 가장 신뢰할 만한 오랜 친구들이니까. 몸 안의 미생물을 어떻게 회복시킬 것인가를 중심에 두어야 우리 몸의 근본적인 치료가 가능하다는 점을 잊지 말자.

요리하는 약사 한형선의
음식 치유 노트 ❻

살아 있는 미생물
프로바이오틱스

장은 우리 몸에서 가장 많은 면역 세포가 성장하고 활동하는 곳으로, 장내 유익한 미생물이 감소되면 각종 알레르기 질환이나 면역 질환이 발생하게 된다. 유익 미생물이 현저하게 줄어들어 많은 질환에 노출되어 있는 경우 식생활 습관을 적극적으로 개선해야 하며, 경우에 따라서는 고농도의 유익한 미생물(프로바이오틱스)을 추가로 섭취해야 한다. 우리 인체 내 미생물을 이해하기 위해 다음과 같은 세 가지 용어를 기억할 필요가 있다.

먼저 유익한 작용을 하는 살아 있는 미생물인 유산균을 포괄적으로 **프로바이오틱스(Probiotics)**라고 한다. 프로바이오틱스는 우리 몸에서 면역력을 높이고 점막을 강화하여 유해균의 침범을 막아내는 등 많은 일을 하고 있다. 요구르트 유산균, 낙산균, 청국장균, 된장균, 김치균 등이 여기에 속한다.

두 번째로 올리고당과 식이섬유처럼 유익균이 좋아하는 먹이를 **프리바이오틱스(Prebiotics)**라고 한다. 장내 유익한 미생물들을 번식시켜 미생물총을 튼튼하게 만드는 유익균의 먹이로, 장 건강을 위해서는 프로바이오틱스의 영양원인 프리바이오틱스를 충분히 공급해야 한다.

마지막으로, 미생물이 먹이를 먹고서 만들어놓은 물질을 **바이오제닉스(Biogenics)**라고 한다. 바이오제닉스는 플라보노이드, 안토시아닌, 비타민 A, C, E 등 유산균이 만들어내어 인체에 직접 작용하는 물질로, 면역 기능을 촉진하고 항산화 작용 및 생리 활성 작용을 한다. 생활 습관병 치료나 대체 의료로 사용할 수 있는 물질을 통칭하는 개념으로도 쓰인다.

03
유익 미생물을
회복하려면

나무가 아니라
숲을 봐야

어느 날 마스크를 쓰고 모자를 눌러쓴 한 여학생이 어머니와 함께 약국을 찾았다. 이 학생은 얼굴을 내놓고 다니기 어려울 정도로 얼굴과 팔 등 전신에 심한 아토피 증상을 보이고 있었다.

서울에 있는 명문 대학에 다니는 1학년 학생이었는데, 혼자 자취를 하면서 불규칙한 식생활을 하고 스트레스를 받은 것이 증상을 악화시킨 주원인으로 보였다. 증상이 심해지면서 정신적으로도 스트레스가 심해져서 2학년 진급을 아예 포기하고 휴학한 후 상담을 청해온 학생이었다.

알레르기나 자가 면역 질환 등 대부분의 난치성 질환을 치료할 때에는 나무가 아니라 숲을 볼 수 있어야 한다. 숲을 보지 못하고 나무만 찾아 '뭐가 좋더라'는 식의 이야기를 쫓아다니다 고생만 하는 경우를 너무나 많이 보아왔기 때문이다.

장내 세균총을 망가뜨리는 항생제

자가 면역 질환이나 면역 체계의 이상으로 생기는 알레르기 질환의 원인은 대부분 우리의 면역 세포들이 밀집해 있는 장의 건강 상태와 매우 관련이 크다. 앞서 설명했듯이 장을 건강하게 만들려면 유익한 미생물들이 잘 살 수 있도록 미생물 균총을 건강하게 유지해야 한다. 또한 점막으로 이루어진 장 방어벽을 튼튼하게 만드는 것이 매우 중요하다.

그러나 여기에 자꾸 구멍을 내려는 것들이 있다. 각종 식품 첨가물과 방부제, 인스턴트식품, 항생제 등 화학 의약품 등으로 인하여 점막에 상처가 나면 우리 몸의 방어벽이 무너져 면역의 혼돈 상태가 된다.

많은 과학자들이 특히 어린아이들에게 발병하는 자가 면역 질환이나 알레르기 질환이 항생제로 인한 장내 세균총의 변화 때문이라고 추정하고 있는 것은 주목할 만하다.

세균총

일정한 장소에서 서로 평형을 유지하면서 공존하고 있는 각종 미생물 집단으로, 바이러스를 포함하여 미생물 균총이라는 의미로 쓰인다.

3세 미만 어린이에게 항생제를 쓸 경우

〈미국국립과학원회보(PNAS)〉가 발표한 바에 따르면, 우리 면역계는 장내 세균총과 함께 발달하는데 항생제로 인해 세균총의 변화가 생기면 면역 세포의 양이 비정상적으로 바뀌면서 음식 알레르기에 민감해진다. 여기에 더해 "특히 3세 미만의 아이에게 항생제를 많이 쓰면 장내 세균총에 문제가 생겨 비만이나 알레르기 등이 발생할 수 있다"고 경고했다.

앞 장에서 코에 튜브를 낀 채 찾아온 36개월 어린아이의 이야기를 했다. 그 아이는 태어나자마자 심장 이상으로 큰 수술을 받았고, 이후 알레르기 반응이 심해 음식물을 제대로 섭취할 수 없는 상태였다. 영양이 부족하다 보니 36개월임에도 12개월 수준의 발육 상태를 보였고, 코에

연결한 튜브(비위관)를 통해 음식물을 공급받는데 이마저도 알레르기 반응을 일으켜 섭취할 수 있는 음식이 너무나 제한적이었다.

이 아이는 태어나자마자 큰 수술을 받으면서 어쩔 수 없이 항생제에 노출되었다. 이러한 이유로 장내 면역 체계가 무너져 과도한 알레르기 반응을 보인 것으로 짐작된다. 장 안의 미생물 균총이 망가지면서 몸 안에서 여러 면역 반응이 격렬하게 일어나는 과정에서 면역 세포가 민감해졌고, 결국 모든 음식에 민감하게 반응하는 심한 알레르기에 시달리게 된 것이다.

장, 특히 소장 기능을 회복하는 것이 면역 기능을 정상화하는 첫 번째 단계다. 장내 유익 미생물을 원래 상태로 환원시키는 일은 장 기능을 회복하면서 건강을 지키고 질병을 치유하는 가장 핵심적인 일이다.

과채수프와 미생주스로 장을 건강하게

알레르기로 고생하던 아이와 대학생 아토피 환자에게 준 음식 처방의 핵심은 장 점막을 강화하고 미생물이 잘 살아갈 수 있도록 장내 환경을 개선하는 일이었다. 이를 위해 장내 미생물의 먹이가 되는 과채수프와 장 점막을 튼튼하게 만드는 데 도움이 되는 미생주스를 처방했다.

알레르기로 고생하던 아이는 치유를 시작한 지 4개월 만에 드디어 코에 연결했던 튜브를 빼고 일부 유가공 제품을 제외한 대부분의 음식을 알레르기 증상 없이 입으로 먹을 수 있게 되었다. 아토피를 심하게 앓았던 여대생도 수개월 만에 학업에 복귀하고 일상적인 생활을 할 수 있게 되었다.

이들 난치성 자가 면역 질환이나 알레르기 질환을 앓는 환자의 경우,

치료의 기본이 미생물과 장 점막을 살리는 일이기 때문에, 음식이 아니라 화학적인 약을 통해 치료한다는 것은 분명한 한계가 있다. 화학적인 약이 아니라 음식이 약이 되어야 하는 이유다. 이 때문에 결국 음식을 통한 치료가 중요해지는 것이다.

우리는 의지와 선호에 따라 음식을 섭취하지만, 몸으로 나타나는 결과는 생각과 달리 우리 몸에 있는 미생물들에 의해 결정된다고 해도 과언이 아니다. 질병은 보이는 것이 전부가 아니다. 보이지 않는 미생물의 세계가 우리에게 이렇게 큰 영향을 끼치고 있다. 질병으로 고통받는 이들을 치료하기 위해서는 결국 미생물을 회복시켜야한다. 이것이 건강 회복의 가장 확실한 밑거름이 되는 것이다.

미생물들을 향한 기도

실제로 장 점막에서 활동하는 여러 면역 세포들과 미생물들은 우리 건강의 최전선에서 서로 대화하고 힘을 합하여 우리 몸을 지켜내고 있다.

미국국립보건원(NIH)의 미생물 연구 책임자는 "장 점막에 붙어 살고 있는 미생물과 점막에서 활동하고 있는 면역 세포의 대화를 알아낼 수 있다면 질병의 대부분을 정복한 것과 마찬가지다"라고 이야기한다.

그렇다면 실제 미생물은 우리의 말을 알아들을까? 또 장 점막 면역 세포와는 어떻게 대화를 나눌까? 한국어? 영어? 아니면 또 다른 언어? 아마도 그 언어는 말이 아닌 파동으로 전달되는 느낌의 언어일 것이다.

이 느낌의 언어는 내가 믿는 신이나 하늘에 간절하게 기도를 올릴 때, 또는 아픈 가족의 빠른 회복을 기원할 때, 자식을 위해 정성으로 음

NIH
미국 보건복지부의 공공 보건국 산하 기관 가운데 하나인 국립의학연구기관.

식을 만드는 어머니의 손끝에서, 사랑을 하는 연인들이 마주할 때 마음에서 만들어내는 언어가 아닐까 싶다. 희생, 바람(소망), 베풂, 용서, 어울림(공명) 등을 이야기할 때 주로 사용하는 언어이기도 하다. 이는 소리로 내는 말보다 훨씬 진실하고 깊은 내면의 소리가 담긴 신뢰의 소통 방식이다.

미생물은 생명체이기에 우리의 말을 알아듣는다. 우리 몸에서 보내는 느낌이나 감정을 알아듣는다는 뜻이다. 옛날에 배앓이를 하면 할머니나 어머니가 손으로 배를 쓸어주셨다. 부드럽게 배를 만지며 보내는 기별을 배 속의 미생물들도 알아듣는 것이다.

자식이 건강하기를 바라는 마음으로 음식을 만든다면, 이것을 먹은 사람이 치유되기를 바라는 마음으로 만든다면, 정성이 담긴 음식이라면 미생물은 이에 당연히 응답한다. 감사하는 마음, 기도하는 마음, 간절한 마음을 보내면 알아챈다. 나 또한 환자들을 위한 치유의 음식을 만들면서 미생물들을 위한 기도를 한다.

"내 몸을 누구보다도 잘 알고 있는 꼬마 난쟁이 내 친구들아.

내 몸을 건강하게 지켜주어서 고마워. 내 몸을 건강하게 해주는 것처럼

우리 환자를 치료하는 데 필요한 좋은 약도 만들어주면 좋겠다."

조물주가 우리의 육체 건강을 위해 보내준 무엇인가가 있다면, 그것이 바로 미생물이 아닐까 생각한다. 간절한 기도가 화학적으로 만든 약보다 훨씬 좋은 치료 효과를 낼 것은 분명하다.

미생물을 살리고
장 점막을 튼튼하게 미생주스

앞서 미생물들에게 충분한 먹을거리를 주어 장을 건강하게 만드는 과채수프를 만들었다.
미생주스 또한 장속 미생물을 살리고 장 점막을 튼튼하게 하는 음식이다. 특히 국균이 들
어가 우리나라 사람들의 장에 맞춤인 특별한 주스로 탄생했다.

재료

우엉 300g, **다시마** 10x10cm 2장, **마른 표고버섯** 3∼5개, **배** 1개, 물 2L, 원당 150g, 미강 분말(또는 고두밥) 2g, 죽염 2g, 복합유익균(유인균) 2g, 칼라만시 원액 또는 파인애플즙 약간

만드는 법

❶ 분량의 물에 다시마, 버섯, 배, 우엉을 넣고 30분 정도 끓인다.

❷ 건더기를 거른 후 유리병에 850㎖를 담고, 여기에 천연 원당 150g을 녹인다.
  * 천연 원당 : 일반 설탕과 달리 미네랄과 식이섬유가 풍부하다.
  * 약 15 brix로 맞추어서 발효시키면 발효 후 약 12brix(잘 익은 과일 당도)가 된다.

❸ 여기에 죽염 2g, 미강 분말(또는 고두밥) 2g을 넣는다. 미강 분말을 지나치게 많이 넣으면 발효가 강하게 일어나니 주의한다. 복합유익균을 구할 수 있으면 2g 첨가한다.
  * 복합유익균 : 한국생명과학연구원이 우리나라 전통 음식에서 뽑아내어 세계 미생물 특허를 낸 복합 유익균으로, 전통 음식에서 뽑은 균이기에 한국 사람에게 가장 효과가 좋다. 보통 원재료 무게당 0.1% 비율로 사용한다.

❹ 실온(20℃ 전후)에서 3일 정도 발효 후 10℃ 이하 김치냉장고에서 7일 정도 숙성시킨다. 또는 37∼40℃ 정도에서 1∼2일 발효 후 10℃ 이하 김치냉장고에서 7일 정도 숙성시킨다.

❺ 마실 때 비타민 C(칼라만시 등) 또는 파인애플즙을 첨가한다.
  * 비타민 C : 발효 억제 작용 있음(보존 기간 연장)
  * 칼라만시는 동남아시아에서 흔히 볼 수 있는 나무로, 향긋한 꽃과 매끈한 잎, 그리고 열매로 사랑받고 있다.

* 미생주스의 재료들

배는 사과산·주석산·시트르산 등의 유기산, 비타민 B와 C, 섬유소, 지방 등이 풍부하다. 특히 배 껍질에 비타민 A가 가장 많이 들어 있어 껍질째 썰어 넣고 끓이는 것이 좋다

표고버섯에는 점막을 강화하는 성분이 많다. 특히 장 점막의 면역 능력을 키워주는 베타글루칸이 들어 있다.

다시마의 미끈미끈한 성분은 뮤신으로, 장 점막을 튼튼하게 해주는 성분이다. 특히 인체에 필요한 각종 미네랄이 풍부하다.

브릭스(brix) : 액체에 녹아 있는 설탕의 질량. 예를 들어 25브릭스란 액체 100g에 25g의 설탕이 녹아 있는 것을 말한다 (물 75g + 설탕 25g).

40브릭스 이상이면 미생물이 사멸하고, 20브릭스 이상이면 발효가 천천히 진행되며, 10브릭스 이하이면 발효가 빨리 진행되어 변질되거나 식초로 된다.

5장

세포를 알면
건강이 보인다

태양
에너지를 먹다

지구 상에 햇빛 없이 살 수 있는 생명은 없다. 빛은 최초의 생명의 근원이자 지구 상의 모든 생물을 살아 있게 하는 가장 큰 에너지다.

모든 생명체는 생명을 유지하는 근본적인 에너지를 햇빛에서 얻는다. 이 때문에 만성화된 난치성 질환 등을 치료하는 데도 햇빛 에너지를 충분히 흡수하는 것이 필요하다. 그래야 생명의 최소 단위인 세포가 살아나고 몸의 근원적인 회복이 가능해진다.

그렇다면 세포를 살리는 태양 에너지를 우리 몸에 제대로 흡수하기 위해서는 어떻게 해야 할까?

생기(生氣)를 만드는 일광욕

첫 번째로는 햇빛을 직접 쬐는 방법이 있다. 햇빛을 쬐며 그 에너지를 받아들이는 것을 일광욕이라 한다. 질환을 앓고 있는 환자든 건강한 사람이든 하루 일정 시간 동안 충분히 일광욕을 해야 한다.

햇빛을 충분히 받으면 자외선이 피부 기저 층에 있는 콜레스테롤을 자극하여 우리 몸에서 비타민 D가 생성된다. 비타민 D는 소장과 부신에서 칼슘과 인 같은 영양분을 흡수하도록 신호를 보내 뼈가 튼튼해지도록 돕고, 면역 기능이 강화될 수 있도록 각종 호르몬 등의 분비를 촉진한다. 또 갑상선에서 우리 몸의 에너지 대사를 활성화한다. 바로 햇빛 에너지를 통해 우리 몸에 '생기'를 만들어내는 것이다.

어떤 질환을 앓고 있든지 바깥에 나가 햇빛을 쬐고 나면 자신감이 상승하고 기운이 생겨나는 것을 느낄 수 있을 것이다. 그것이 바로 생기의 힘이다.

겨울철의 경우 자외선 차단제를 바르지 않은 상태에서 30분 이상 햇

햇빛

햇빛을 쬐면 우울증이 완화되고 수면 질이 향상되며 면역 체계가 강화된다. 특히 햇빛을 통해 얻은 비타민 D는 뼈 건강을 향상시키고 해마의 신경 세포 성장을 활성화해 뇌 기능 향상에도 도움이 된다.

빛을 쬐어야 필요한 최소한의 에너지를 얻을 수 있다. 봄, 가을에는 최소 20분, 여름에 햇빛이 강한 때는 10분 정도 피부를 햇볕에 노출시키는 것이 좋다.

햇빛 에너지를 저장한 식물

두 번째로 태양 에너지를 흡수하는 방법은 바로 햇빛을 먹는 것이다. 햇빛을 받아 저장하고 영양분을 만들며 살아가는 식물들을 통해 빛 에너지를 섭취하는 것이다.

식물 내에 태양 에너지를 저장하는 장소를 엽록소라고 한다. 여러 채소와 과일 등이 엽록소를 통해 태양 에너지를 저장한다. 엽록소가 풍부한 식물을 통해서 또 다른 형태의 햇빛을 섭취함으로써 우리는 피를 만들고 세포도 살아나게 하면서 건강하게 생명 활동을 할 수 있다.

생명의 최소 단위인 세포가 건강해야 몸도 건강해진다. 화학적인 약품으로는 힘들고 지쳐 있는 세포에 일시적으로는 도움이 될지 몰라도 세포가 좋아하고 원하는 일은 아니다.

실제로 우리의 몸과 마음은 매일 새롭게 태어나고 있다. 병들고 쓰러진 세포가 있는 반면 새롭게 만들어지는 세포들이 있다. 건강한 세포가 많아져야 우리 몸이 건강하게 회복되는 것이다. 이를 위해서는 생명의 근본 에너지인 태양 에너지를 충분히 받고 충분히 섭취해야 한다.

엽록소
녹색 식물의 엽록체 속에서 빛 에너지를 흡수하여 이산화탄소를 유기화합물인 탄수화물로 동화하는 데 쓰인다.

땅의 기운과
태양의 에너지를 농축한
제철 채소

태양은 생명에 필요한 모든 에너지를 제공하는 생명의 근원이다. 또한 '모든 생명
은 흙에서 태어나 흙으로 돌아간다'는 말처럼 건강하고 영양이 풍부한 흙에서 길
러진 식물을 먹어야 우리 몸이 건강해진다.

추운 겨울에 자라나는 보리 싹에는 비타민 C와 생리 활성 물질이 많이 들어 있으
며, 한여름에 자라나는 여름 채소에는 항산화 물질과 자외선을 차단하는 성분이
많이 들어 있다. 짧은 기간에 뿌리가 깊게 자라나는 우엉에는 성장 발육을 활성화
하는 성분과 미네랄이 듬뿍 들어 있다.

산과 들에 자생하는 식물들은 혹독한 자연환경에 그대로 노출되어 살아가면서 강
인한 생명력을 지니게 된다. 같은 채소라도 바닷가에서 바람을 이겨내면서 자라거
나, 추운 곳 또는 더운 곳에서 환경에 적응하면서 자란 것에 유효 성분과 생명력이
더 많이 들어 있다. 이처럼 살아 있는 땅에서 제철에 자란 채소들은 땅의 기운과 태
양 에너지가 농축되어 우리 건강을 지켜주고 질병을 치유할 수 있는 힘을 지닌다.

02

우리 몸에
피를 만드는 엽록소

**위급할 때
눈에 띄는
초록**

사람이 가장 위급할 때 먼저 눈에 띄는 색이 녹색이다. 그래서 비상구 표지판이 녹색으로 만들어졌다. 어쩌면 사람의 건강에 적신호가 켜졌을 때 녹색 채소와 과일 등을 통해 태양 에너지를 흡수하며 다시 생명력을 얻을 수 있는 것도 같은 맥락으로 이해할 수 있지 않을까?

광합성에 이용되는 빛은 식물의 잎 속에 있는 엽록소만이 흡수할 수 있다. 따라서 엽록소는 광합성에서 없어서는 안 되는 중요한 역할을 담당하고 있으며, 모든 생명체의 생명 작용을 유지하는 근본 에너지가 된다. 그런 엽록소를 만들어내는 색이 바로 녹색이다. 식물이 녹색 빛을 띠는 이유다.

엽록소는 햇빛으로부터 흡수한 에너지를 이용하여 공기 중에 있는 이산화탄소(CO_2)를 포도당으로 만들고 부산물로 신선한 산소를 내뿜는 광합성 작용을 한다. 다시 말하면 엽록소는 '태양의 기운을 저장

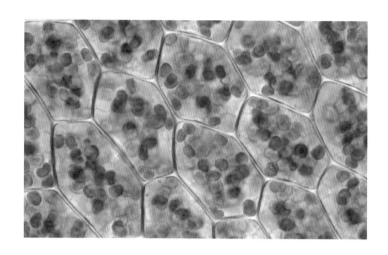

하는 공장'이라고 할 수 있다. 이 세상 모든 생명체의 먹이가 되는, 식물만이 가지고 있는 유일한 '제조 공장'이다.

엽록소의 가장
중요한 일
'조혈 작용'

엽록소는 우리 혈액의 주성분인 헤모글로빈과 매우 유사한 구조를 가지고 있다. 헤모글로빈의 중심 원자는 철분(Fe)이다. 엽록소는 그 중심에 마그네슘(Mg)을 두고 있다. 그런데 마그네슘과 이를 둘러싼 바깥의 구조가 혈액의 철과 이를 둘러싼 구조와 매우 비슷하다. 그리하여 동물이 엽록소를 섭취하면 마그네슘 자리에 철이 들어오면서 자연스럽게 혈액이 만들어지게 된다.

이렇듯 엽록소의 주요 작용 중 하나가 바로 우리 몸에서 피를 만들어내는 조혈 작용이다. 엽록소의 핵심 마그네슘이 소장에서 철분으로 바뀌면서 혈액 속의 혈구가 만들어지고 우리의 생명을 유지하도록 돕는 것이다.

헤모글로빈   엽록소

헤모글로빈과 엽록소의 분자 구조

　실제로 엽록소가 많이 들어 있는 해조류나 무청, 보리 새싹 등을 잘 숙
성된 간장이나 된장과 함께 꾸준히 섭취하면 빈혈 예방은 물론 치료에
많은 도움이 된다.

　엽록소의 주성분은 마그네슘이다. 이 마그네슘은 우리 몸에서 없어서
는 안 될 중요한 일을 하는 미네랄 중 하나로, 혈관을 확장시키고 마음을
진정시키며 심장 기능을 돕는다. 특히 만성 통증을 없애고 근육을 이완시
키는 작용에 효과가 있다. 이 마그네슘이 풍부하게 들어 있는 식품이 바로
해조류다.

　그 뿐만 아니다. 엽록소는 효소를 만들고 활성화하며 인체 내 신진대사
를 원활하게 하여 세포를 젊어지게 한다. 가장 좋은 해독제로서 중금속 등
독소를 체외로 배출하고 화농을 제거하며 항궤양 작용이 있어 상처 치유
를 촉진하고 위·십이지장 궤양, 췌장염 등에 효과가 있다. 또 혈액을 맑
게 하여 콜레스테롤 수치를 정상으로 만든다.

　엽록소는 항산화 작용과 세포의 돌연변이를 억제하는 기능을 가지고
있어 항암 효과도 뛰어나다. 알레르기 질환, 당뇨병 등 생활 습관병 치
료에도 근본적으로 도움이 된다.

미국 존스 홉킨스 대학의 연구에 따르면, 콩, 땅콩, 옥수수, 곡류 등에서 발견되는 진균 독소인 아플라톡신에 의해 유발되는 간암의 발병률을 엽록소가 크게 낮춘다.

엽록소는 모든 생명의 근원 물질

같은 식물이라도 양지에 사는 식물보다 응달에서 사는 식물이나 바다에 사는 해조류에 더 많은 엽록소가 들어 있는 점은 흥미롭다. 햇빛을 받기에 불리한 환경을 극복하기 위한 식물들의 생존 전략 덕분이다.

지구의 모든 에너지는 뿌리를 태양 에너지에 두고 있다. 모든 생명의 원천인 태양 에너지를 고정해서 우리가 먹을 수 있는 에너지로 전환할 수 있는 기술은 식물에만 있다. 이러한 작용을 하는 엽록소는 동물과 사람 모두에게 가장 훌륭한 영양 물질을 공급한다. 바로 세포 부활(재생)에 탁월한 효과를 지닌 생명의 근원 물질이라고 할 수 있다.

김,
초간장에 찍어 드세요

김은 영양이 매우 훌륭한 해조류 중 하나다. 김을 꾸준히 섭취할 경우 인체에 침투한 병원균을 제거하고 종양 세포를 파괴하는 작용이 최고 4.5배까지 높아지며 갑상선을 건강하게 만들어준다.

김에는 양배추의 약 16배, 귤의 약 30배에 해당하는 풍부한 식이섬유가 들어 있다. 인체 내 면역성을 높여 암세포에 저항할 수 있게 도와주며, 대장 운동을 촉진해서 배변 활동을 돕고, 포만감을 주어 비만 예방에도 도움이 된다.

또 김의 타우린과 칼륨, 마그네슘 등은 혈압을 정상으로 유지시키고 동맥경화를 예방하는 데 효과가 탁월하다. 비타민 B12는 신경과 뇌의 작용을 좋게 하여 건망증을 예방하는 데도 효과가 있다. 또한 비타민 C가 토마토나 레몬보다 풍부하다.

우리는 흔히 소금과 기름을 가미해 김을 구워 먹는다. 그러나 그 과정에서 생김에 함유되어 있던 아미노산이나 비타민 등 유효 성분이 파괴된다. 결국 '소금 맛'으로 김을 먹는 것이다. 김은 가급적이면 소금 양념을 하지 말고 굽지 않은 생김 상태로 먹는 것이 좋다. 초간장 등과 함께 먹으면 유효 성분에 의한 영양 흡수 효과가 더 높아진다.

상추쌈을 제대로
먹는 방법

상추는 대표적인 잎채소다. 이 상추를 맛있게 먹어서 그 안에 있는 좋은 태양 에너지를 내 것으로 만들고 싶다. 그런데 상추를 그냥 먹으면 소화 흡수되는 것이 20%에 불과하다. 바로 이때 엽록소를 분해하고 쪼갤 줄 아는 능력자의 도움이 필요하다.

식초

산소와 헤모글로빈의 친화력을 높여 뇌에 충분한 산소를 공급하여 머리를 맑게 해주고 기억력을 증진시킨다. 특히 파로틴(일명 회춘 호르몬)의 분비를 촉진하여 세포의 노화를 막고 뼈를 강하게 한다.

미네랄

생체의 생리 기능에 필요한 광물성 영양소. 비생물의 광물질. 생체 성분으로서의 무기질 등을 말한다.

엽록소 분해 선수 식초와 된장

식초와 된장, 간장 등 우리 전통 발효 음식들이 이 분야의 선수들이다. 이들은 이미 발효 과정을 통해 식물을 깨뜨린(분해한) 경험이 있다. 이 중에서도 가장 힘이 센 것이 바로 식초와 된장이다.

자, 이제 상추를 손바닥 위에 올려놓고 된장을 살짝 얹어보자. 상추에 '엽록소 분해 선수' 된장을 함께 먹으면 흡수율이 높아진다. 하지만 이것만으로는 완벽하게 내 것이 되지는 않는다. 여기에 식물성 기름이 필요하다.

기름 잘잘 흐르는 밥 한 숟갈

동물성인 삼겹살 대신 식물성 기름이 잘잘 흐르는 밥을 한 숟갈 얹어보자. 상추에 된장, 쌀을 더했더니 흡수율이 더 높아졌다. 이것만으로는 또 부족하다. 좋은 집을 지으려고 목재도 철근도 다 갖다 놨지만 그런다고 집이 뚝딱 지어지지 않는다. 바로 집 짓는 사람이 있어야 한다. 좋은 일꾼 말이다. 음식물이 영양으로 소화 흡수되는 데 반드시 필요한 일꾼이 있으니, 바로 미네랄이다.

상추쌈 옆에 미역국 한 그릇

훌륭한 일꾼, 미네랄은 주로 바다에 있다. 바로 해조류를 통해 섭취할 수 있다. 그러니 상추쌈 옆에 미역국 한 그릇을 함께 떠놓고 먹거나 바지락 넣고 끓인 된장국을 곁들여 먹는다면 완벽하게 궁합이 맞는 한 끼 식사가 될 것이다.

여기에 딱 한 가지만 덧붙이자. 이 음식이 내 몸에 정말 좋은 음식이 될 것이라고 여기는 감사의 마음, 기도하는 마음으로 음식을 먹을 때 그 음식은 진짜 약이 된다.

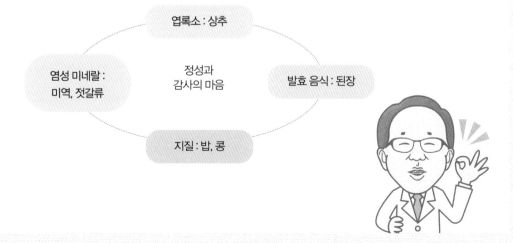

엽록소 : 상추

염성 미네랄 : 미역, 젓갈류

정성과 감사의 마음

발효 음식 : 된장

지질 : 밥, 콩

03

세포를 소통하게 하는
복합당의 임무

**60조 개의
'작은 공장'**

생명체를 이루는 가장 작은 단위는 바로 세포다. 이 세포들은 하나하나가 이미 완벽한 생명체의 기능을 한다. 우리 몸에는 약 60조 개의 세포가 있다. 우리 몸에 60조 개의 작은 공장이 돌아가고 있다고 생각하면 된다. 그런데 만약 어느 세포가 기능을 멈춘다면 어떻게 될까? 우리 몸을 건강하게 만들기 위해, 건강한 세포를 이루기 위해 중요한 조건은 무엇인지 살펴보자.

세포들은 세포막이라는 울타리를 만들어 내부와 외부를 구분하고, 일정하게 모여서 하나의 조직을 만들고, 그 조직이 모여서 기관을 만들어 살고 있다. 이런 실험이 있었다고 한다. 심장과 신장, 간 등 우리 몸 각 기관에서 세포 일부를 떼어내어 혼합했는데, 일정한 시간이 지난 후 보니 같은 기관의 세포끼리 모여 있더란다. 이는 세포들이 서로 소통하고 있으며 정보를 해독하는 능력이 있음을 보여준다.

우리 몸 안의 세포들은 각 기관 사이에 정보를 주고받으며 몸 시스템의 균형을 유지하고 있다. 발끝에서 일어난 일을 머리에서도 알아야하고, 손끝에서 일어난 일을 다른 곳에서도 알아야 한다. 이렇게 중요한 세포의 소통은 과연 어떻게 이루어지는 것일까?

세포의 안주인과 바깥주인

모든 세포는 세포막을 사이에 두고 안과 밖에 칼륨(K)과 나트륨(Na)을 일정한 비율로 유지하고 있다. 바로 삼투압 작용을 통해 균형을 맞추고 있는 것이다. 세포의 안주인이 칼륨이라면 바깥주인은 나트륨이라 할 수 있다.

여기서 한 가지 질문을 던져보자. 만약 나트륨이 세포 안으로 과다하게 들어가면 어떻게 될까? 짠 음식을 많이 섭취할 경우가 이에 해당한다. 나트륨은 물을 끌어당긴다. 세포 안의 나트륨 비율이 높아지면 자연스럽게 부종이 생기고 혈압이 높아지며 건강에 좋지 않은 증상들이 나타난다.

이럴 때 칼륨이 풍부한 음식을 섭취해주면 어떨까? 미역과 같은 해조류를 충분히 섭취해 주면 세포막 안의 칼륨 비율을 높이면서 나트륨 과다로 인한 증상 개선에 도움이 된다. 이때 세포 밖 조직액으로 이동한 나트륨은 배뇨 기관의 조직을 건강하게 만들어주기도 한다.

세포가 건강하기 위해서 필요한 가장 기본적인 조건이 바로 세포의 안주인(K)과 바깥주인(Na)이 비율을 일정하게 유지하는 것이다. 이럴 때 우리 몸은 가장 건강한 상태가 된다.

세포들은 세포막 사이로 흐르는 조직액을 통해 영양분과 산소를 흡수하기도 하고 세포 내에서 만들어진 노폐물을 버리기도 하면서 활발한 생명 활동을 한다. 그런데 조직액 속을 떠돌아다니는 물질 중에서 필요한 것과 버릴 것을 어떻게 구분할까?

앞서 소화 기관인 장에서도 장 점막에 있는 면역 세포들이 외부에서 들어온 음식물 중에 아군과 적군을 구분하여 흡수할 자격을 부여한다고 했다. 세포 단위에서도 마찬가지다. 세포의 건강에도 가장 중요하고 기본적인 것이 바로 적군과 아군, 너와 나를 구분하는 일이다. 세포들도 서로 정보를 소통하며 나한테 좋은 것인지 아닌지, 적군인지 아군인지 판단하고 결정한다.

예를 들어 매일 짜게 먹는 사람이 있다고 하자. 이 사람의 세포 문지기들은 매일 반복되는 짠 기운에 소금을 내 편으로 인식하고 알아서 문을 열어주게 된다. 그렇게 길들여질 때 우리 몸의 균형이 깨지면서 혈압이 올라가고 이것이 반복되면서 병이 생기는 것이다.

세포의 소통 센서, 당 사슬

세포가 소통하는 바탕에는 세포를 덮고 있는 당 사슬(복합당)이 있다. 세포막 표면에 돌출되어 흐늘흐늘 움직이는 섬모에 결합되어 있는 이 당 사슬(Sugar code)이 세포 사이의 정보 통로 역할을 한다. 이 센서가 다른 세포의 표면을 건드리면서 정보를 교환하고 대화하는 것으로 알려져 있다.

밤송이처럼 생긴 섬모에 결합된 이 당 사슬은 혈압, 체온, 순환은 물론 면역계, 내분비계, 신경계, 물질 대사, 근육계까지 생명 유지에 필요한 인체의 기본 프로그램에 깊이 관여하고 있다. 세포 간에 정보를 교환하고, 호르몬의 지시를 세포에 전달하기도 하고, 각종 유해 물질을 차단하면서 세균으로부터 세포를 보호하는 등 분별력과 정상적인 생명 활동의 근원을 담당하고 있다.

당 사슬은 생명 정보 관리사이며, 세포 문제 해결의 핵심 역할을 한다. 이 당 사슬이 주변 세포와 적절하게 신호 교환을 하지 못하면 면역의 혼돈 상태가 조절되지 않아 자가 면역 질환이나 알레르기 질환이 생기기도 한다. 암으로 진행하는 세포를 알아내지 못해 암세포가 확산되는 등 난치성 질환의 주요 발생 원인이 되기도 한다.

다양한 식물 영양소에서 찾아라

지금까지 탄수화물은 소화되는 과정에서 포도당으로 변하고 이 포도당이 에너지원으로 사용된다고만 단순하게 알려져 있었다. 그런데 이 탄수화물이 인체 내 세포 간의 원활한 소통에도 필수적인 역할을 담당하고 있었다. 탄수화물에는 200여 종의 단당류가 존재하고, 이 중에 8가지의 특수한 기능을 가진 당들이 조합되어 복합당이 만들어진다. 이 복합당이 바로 세포 간의 가장 중요한 소통 물질이자 세포 기능을 정상화하는 데 반드시 필요한 요소인 것이다.

당은 단순당과 복합당으로 구분된다. 단순당은 설탕, 꿀, 엿 등 단맛이 강한 식품들에 들어 있다. 복합당은 단당류가 결합된 탄수화물이다. 단순당과 달리 단맛이 나지 않고 소화와 흡수가 느려 혈당 상승 곡선이 완만한 특징이 있다. 복합당은 세포를 살려내는 당이라고 불린다. 우리 생명 활동의 근원이라고 할 수 있다.

그렇다면 복합당을 어떻게 섭취할 수 있을까? 복합당이 모두 집약되어 있는 먹을거리가 있다면 좋겠지만 그런 먹을거리는 자연계에 존재하지 않는다. 유일하게 완벽한 복합당을 가지고 있는 것은 바로 모유다. 그러니 아기가 성장하는 시기에 면역력과 세포 건강을 위해 모유를 충분히 먹여서 건강의 첫 단추를 잘 끼워주는 것이 중요하다.

세포 간의 소통을 돕는 복합당을 섭취하기 위해서는 평소에 태양 에너지를 담은 채소와 과일, 해조류 등을 다양한 종류로 충분히 섭취하는 것이 중요하다. 문제는 우리가 인스턴트식품에 길들여지다 보니 복합당을 섭취할 기회에서 점차 멀어지고 있다는 점이다.

뒤에 나오는 '정보 주스'(138쪽 치유의 레시피)와 '세포죽'(140쪽)은 바로 다양한 채소와 과일, 해조류, 곡물을 혼합하여 당 사슬의 기본이 되는 물질들을 섭취하게 하는 치유의 음식이다. 이 치유식을 통해 식물 영양소, 비타민, 미네랄 등 부족한 영양을 보충하고 망가진 세포를 건강하게 만들 수 있다.

세포 안과 밖의 균형이 잘 이루어질 수 있도록 짜게 먹지 않는 습관을 들이고 자연 그대로의 음식(가공하지 않은 음식)을 먹을 때 세포의 건강을 유지할 수 있다. 그리고 태양 에너지를 담고 있는 식물 영양을 충분히 섭취하며 좋은 식습관으로 올바른 길들이기를 할 때 세포를 살리고 우리 몸을 건강하게 만들 수 있다.

모유

일차적으로 유아기에 필요한 영양분을 공급한다. 모유에 함유된 유청 단백질은 소화, 흡수가 잘되고 신경 발달에 유리하다. 또한 정상 장내 세균총의 형성 및 무기질의 흡수에도 도움을 주며 면역 기능도 가진다.

치유의
레시피

세포의 소통을 돕는 정보 주스

정보 주스는 세포의 망가진 센서를 고쳐 세포 간 소통 능력을 높이고 세포를 건강하게 만들어 우리 몸을 회복시키는 약이 되는 음식이다. 복합당을 구성하는 각종 식물성 과채류와 소장 점막 회복에 좋은 파래와 버섯이 들어가 면역력을 높여준다.

재료

(약 5일 분량) 무 700g, 무청 1/2꼭지(6～7줄 정도),
당근 300g, 우엉 300g, 새송이 300g,
양배추 500g, 토마토 300g, 바나나 200g,
파래 10x10cm 5장, 간장, 식초

만드는 법

❶ 파래를 뺀 나머지 재료들을 냄비에 넣고 30～40분
   푹 끓여준다. 이때 재료의 4배 정도의 물을 사용한다.
❷ 파래를 넣고 5분 더 끓인다.
❸ 건더기를 걸러내고 국물만 유리병에 담는다.
❹ 마실 때 약간의 집간장과 식초를 넣으면 맛도 좋고
   흡수율도 더 높아진다.
❺ 매일 한 잔씩 마시면 세포가 건강해진다.

   *냉장고에 넣어두고 매일 아침에 한 잔씩 마시는 것이 좋다.
   기호에 따라 따뜻하게 마셔도 된다.

＊정보 주스의 재료들

   무는 소화를 돕고 독소를 없애는 해독 기능이 있다.

   우엉은 세포를 성장시키고 염증을 억제하며 피를 맑게 해준다.
   미네랄 함량도 높다.

   토마토는 점막을 강화하고 노화를 방지한다.

   파래는 해조류 중의 왕이다. 세포를 고치는 엽산과 마그네슘,
   철분을 다량 함유하고 있으며 미생물이 가장 좋아하는 먹이가
   된다.

정보 주스의 핵심 효능은
다양한 채소가 끌고 간다.
여기에 달콤한 맛을
보완하기 위해 바나나를
넣었다. 그리고 영양의
흡수율을 높이기 위해
간장과 식초를 더해 주었다.
매일 한 잔씩 마시면 세포가
건강해진다.

망가진 세포를 살리는
치유 음식의 결정판 '세포죽'

우리 생명의 최소 단위인 세포가 좋아해야 우리 몸이 건강해진다. 화학적인 약품
으로는 힘들고 지쳐 있는 세포에 일시적으로는 도움을 줄 수 있을지는 몰라도 세
포가 좋아하고 원하는 일은 아니다. 그렇다면 병들고 쓰러진 세포가 건강한 세포
로 회복되려면 어떻게 해야 할까?

태양 에너지를 충분히 먹자

모든 생명체는 생명을 유지하는 근본적인 에너지를 햇빛으로부터 얻는다. 따라서
만성화된 난치성 질환은 무엇보다도 햇빛을 충분히 먹어야 세포가 살아날 수 있
다. 그러기 위해서는 첫째로 일광욕과 산책, 운동을 꾸준히 해야 한다. 햇빛은 비
타민 D도 만들지만 인체에 따뜻한 기운인 생기(生氣)를 만들어 자신감을 회복시
켜준다.

둘째, 햇빛을 받아 저장하고 영양분을 만들며 살아가고 있는 엽록소가 풍부한 식
물을 통해서 또 다른 형태의 햇빛을 섭취할 때, 엽록소에 의해 혈액도 만들고 세포
가 건강하게 태어난다. 그러므로 엽록소가 풍부한 채소와 해조류를 꾸준히 먹는
일이 중요하다.

셋째, 세포 외벽에 있는 섬모가 건강해야 주변 세포와 신호를 주고받으면서 세포
와 우리 몸이 건강해지고 면역 기능이 좋아진다. 섬모에 있는 당단백질의 당 사슬
부위는 곡류, 과일, 채소 등에 들어 있는 당이 미생물에 의해 분해되면서 만들어지
는 글리코영양소(복합당)에 의해서 건강한 세포로 유지된다.

세포가 좋아하는 음식

건강한 세포를 만들려면 어떻게 해야 할까? 세포가 좋아하는 것, 필요로 하는 것은 무엇일까? 어떤 재료들을 선택하고 혼합해야 세포가 만족할 수 있을까? 체내 흡수와 작용을 극대화하여 음식을 약의 수준으로 끌어올릴 수는 없을까?

이런 고민 끝에 '세포죽'이 탄생하게 되었다. 여러 방송을 통해 알려진 세포죽은 바로 세포가 좋아하고, 망가진 세포를 살릴 수 있는, 세포를 위한 음식이라는 뜻에서 이렇게 이름 지었다.

세포죽은 기본적으로 사과, 바나나, 우엉, 양배추, 단호박, 브로콜리 등 유기산과 식이섬유가 풍부한 과일과 채소 등을 껍질째로 30분 정도 삶은 후, 삶아낸 재료를 양파, 무, 다시마 등으로 끓여낸 육수와 함께 믹서로 갈아서 죽 형태로 먹는 음식이다. 재료가 되는 바나나와 우엉은 장 미생물이 좋아하는 올리고당을 다량 함유하고 있으며, 양배추에는 점막을 강화해주는 글루타민이, 파래에는 식이섬유가 풍부하다.

현대인 대부분이 몸 안에 쌓여 있는 독, 그리고 정상적인 배변 활동을 하지 못해 생겨나는 숙변 등으로 인한 독소를 축적한 채 살아가고 있다. 숙변이 계속 쌓이면 체내에 독소가 생겨나고, 이렇게 생긴 독소는 모든 질병의 근원이 된다.
세포죽은 장의 연동 운동을 촉진해서 변비과 숙변 제거에 큰 도움을 준다. 장에서의 흡수율을 높이기 위해 재료를 껍질째 넣고 육수를 내는 것 또한 비법이다.

증상에 따라 다양한 세포죽 만들기

세포죽은 기본적으로 유익균의 활성화, 엽록소(세포 회복)와 미네랄(영양의 균형)
의 흡수, 소장 점막의 회복(면역의 정상화)에 초점이 맞춰져 있다. 바로 병든 세포
가 건강한 세포로 새롭게 만들어지기 위한 조건을 기본으로 하여 만들어진 치유식
이라고 할 수 있다.

일반적으로 재료나 먹는 방법에서 유사한 레시피의 수프나 죽이 많이 있지만, 세
포죽은 특정한 레시피 이름이라기보다 질환과 증상, 사람에 따라 재료와 만드는
법을 약간씩 달리하는 음식 종류라 할 수 있다.

즉 칼륨과 마그네슘이 풍부한 바나나, 콩, 감자, 해조류 등의 재료로 만들면 염분 배출을 도와 '고혈압'에 좋은 세포죽이 만들어진다. 혈당을 천천히 올려준다는 단호박과 현미, 피를 맑게 해주는 콩과 사과 등의 재료로는 '당뇨'에 좋은 세포죽을 만들 수 있다.

질환과 용도에 따른 세포죽 만드는 법을 소개한다.

증상과 질환에 따른 세포죽 만드는 법

1. 고혈압 세포죽

주재료(1인분 기준)

1) 파래 : 1g(미역으로 대체 가능)

2) 바나나 : 100g

3) 불린 현미 : 100g

4) 고구마 : 80g

5) 완두콩 : 50g

방법

1. 주재료에 생수 500ml를 붓고 30분 이상 충분히 끓인 뒤 한 김 식히고 믹서로 간다.

2. 혈압이 잘 안 내려갈 경우 바나나 분량을 늘린다.

3. 고구마는 맛에 따라 늘리거나 줄일 수 있다.

4. 간장과 식초를 약간 첨가해 먹는다.

2. 당뇨 세포죽

주재료(1인분 기준)

1) 단호박 : 50g

2) 사과 : 50g

3) 불린 현미 : 50g

4) 불린 콩 : 150g

5) 파래 적당량

육수 재료

1) 바지락 : 1kg

2) 무 : 600g

3) 양파 : 140g

4) 표고버섯 : 250g(마른 표고)

5) 청주 : 200ml

방법

1. 육수 재료에 물 8L를 붓고 국물이 충분히 우러나도록 1시간 이상 끓인 다음 건더기는 걸러내어 버린다.

2. 주재료에 육수 500ml를 붓고 30분 이상 끓인다. (단, 현미와 콩은 미리 충분히 불려놓았다가 사용한다.)

3. 한 김 식힌 후 믹서로 간다.

4. 간장과 식초를 약간 첨가해 먹는다.

3. 뷰티 세포죽 (다이어트 & 해독 주스)

주재료(3~4인분 기준)

1) 당근 : 70g

2) 토마토 : 150g

3) 양배추 : 200g

4) 양파 : 70g

5) 셀러리 : 30g

6) 대파 : 40g

7) 우엉 : 20g

8) 파래 : 2g

9) 단호박 : 50g

10) 브로콜리 : 50g

방법

1. 주재료에 생수 500ml를 붓고 30분 이상 충분히 끓인다.

2. 한 김 식힌 후 믹서로 간다. (필요하면 생수를 추가하여 농도를 맞추고 믹서로 간다.)

3. 기본 간은 죽염으로 하고, 먹을 때 간장과 식초를 적당량 첨가한다.

* 필요에 따라 닭 가슴살 및 강황을 응용할 수 있다.

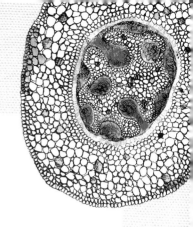

4. 장생 세포죽

주재료(1인분 기준)

1) 바나나 : 80g

2) 사과 : 50g

3) 양배추 : 30g

4) 토마토 : 50g

5) 단호박 : 30g

6) 불린 콩 : 50g

7) 우엉 : 20g

* 완성된 죽의 총중량 약 350g

육수 재료

1) 북어 대가리 : 50g(3개)

    (*바지락 2kg으로 대체 가능)

2) 무 : 1kg

3) 양파 : 400g

4) 대파 뿌리 : 300g

5) 생강 : 60g

6) 다시마 : 30g

7) 청주 : 100ml

방법

1. 육수 재료에 물 4L를 붓고 육수가 끓기 시작한 시점부터 약 30분 동안 중불에 끓인다. 육수가 끓는 중간에 청주를 넣어준다.

2. 건더기를 걸러내어 버리고 고운 체로 깨끗하게 거른다.(육수가 800ml 정도로 줄어듦)

3. 주재료에 기본 육수를 200ml 붓고 30분 이상 끓인다.

4. 한 김 식힌 후 믹서로 간다.

5. 간장과 현미식초(발사믹 식초)를 약간 넣어서 먹는다.

5. 매끈차 (피부재생수프)

주재료(1인분 기준)

1) 녹두(또는 율무, 검정
   콩, 수수, 팥) : 50g
2) 무(또는 우엉, 연근)
   : 200g
3) 당근 : 100g
4) 미나리 : 100g
   (또는 샐러리)
5) 건표고 : 10g
6) 새송이 : 50g
7) 양배추 : 100g
8) 양파 : 200g
9) 사과 : 200g
10) 파래 : 20g
11) 물 : 3L

방법

1. 위 재료를 깨끗이 씻는다.
2. 재료를 냄비에 넣고 강한 불로 한번 끓인 뒤에 은근한 불로 30분 이상 끓인다.
3. 재료가 충분히 우러나면 파래를 넣고 5~10분 정도 더 끓여준다.
4. 건더기를 체에 거르고 마실 때 약간의 간장과 식초를 첨가하여 먹는다.

* 건더기까지 갈아서 먹어도 좋다.
* 차를 마실 때 레몬즙(감귤류)을 첨가하면 좋다.

6. 방탄면역수프 (면역질환주스)

주재료(1인분 기준)

1) 단호박 : 200g
2) 당근 : 100g
3) 브로콜리 : 100g
4) 양파 : 100g
5) 사과 : 100g
6) 다시마 우린 물 : 1L

부재료

1) 시금치, 미나리, 샐러리, 토마토, 우엉, 연근, 고구마,
감자 중 제철채소를 1~3 가지를 합하여 100g 이내
추가하면 좋다.

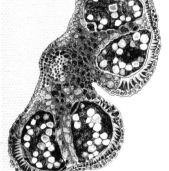

방법

1. 위 재료를 깨끗이 씻는다.

2. 다시마 우린물과 재료를 냄비에 넣고 강한불로 한번 끓인 뒤에 채소가 완전히 푹 익을 때까지 은근한 불로 30분 이상 끓인다.

3. 믹서나 블랜더로 곱게 간다.

4. 먹을 때 약간의 간장과 식초, 후춧가루, 울금 등을 첨가하여 먹으면 좋다.

7. 혈관건강 면역 주스 (심혈관 질환 예방)

주재료(1인분 기준)

1) 북어머리 : 5개

2) 무 : 1kg

3) 대파 : 300g

4) 미나리 : 400g

5) 샐러리 : 300g

6) 마른표고버섯 : 10개

7) 다시마 10cm x 10cm : 2장

8) 바나나 : 5개

9) 물 : 5L

방법

1. 북어머리를 물에 충분히 담가 깨끗이 씻고, 물을 뺀 다음 직화로 약간 굽는다.

2. 대파도 불에 약간 구워서 사용하면 더 좋다.

3. 냄비에 물을 붓고 북어머리와 먼저 넣고 20분 이상 충분히 중불로 끓인다.

4. 여기에 무, 대파, 미나리, 샐러리, 표고버섯을 넣고 30분 이상 끓인 다음 불을 끄고 다시마를 넣고 20 정도 우려낸 후 체로 걸어 육수를 만든다.

5. 육수에 바나나를 넣고 20분 정도 끓인 뒤에 믹서로 갈아 주스를 만든다.

* 바나나 대신 사과나 제철 과일을 사용해도 좋다.
* 먹을 때 들깨가루나 견과류를 첨가하여 먹어도 좋다.

봄이 괴로워
알레르기 비염에 좋은 음식

봄은 바람으로부터 시작된다. 자연은 겨우내 잠자던 나무도 풀도 바람으로 잠을 깨운다. 이렇듯 새 생명이 싹트는 봄날도 알레르기 비염을 가진 사람들에게는 반갑지만은 않다. 일상생활이 어려울 정도로 시도 때도 없이 흐르는 콧물과 코 막힘으로 숨 쉬기 쉽지 않고 잠도 제대로 이룰 수 없으니 괴롭기만 하다.

증상이 경미했던 이들도 환절기가 되면 낮과 밤의 기온차가 급격히 벌어지고, 바람에 꽃가루와 황사 먼지가 날리면서 증상이 심해진다. 요즘은 미세먼지 같은 알레르기 원인 물질에 직접 노출되는 일도 잦다.

알레르기 비염은 알레르기를 일으키는 원인 물질을 찾아내 최대한 피하는 것이 좋다. 그러나 원인 물질을 알아내는 것이 쉽지만은 않기에 평소 예방 관리가 중요 하다.

비염뿐만 아니라 결막염, 피부 가려움증, 천식 등 각종 알레르기 질환에 약을 사용하는 경우가 많은데, 약은 빠르고 효과적으로 증상을 가라앉혀 주지만 치료 효과는 일시적이다. 근본적인 원인 치료가 아니기에 장기적으로 약을 먹는 것은 바람직하지 않다.

알레르기 비염은 잘못된 식습관으로 면역력이 약해지면 쉽게 재발한다. 올바른 식습관과 함께 점막을 강화하는 음식을 꾸준히 섭취하여 예방하는 것이 좋다.

알레르기 비염 이렇게 예방하세요.

1. 모든 질병에는 식생활과 생활 습관 개선이 가장 중요하다.

2. 실내 습도를 적절히 유지하고 코 안에 깨끗한 물이나 식염수를 뿌려준다. 더운
수증기를 자주 쐬고, 평소 수분을 충분히 섭취한다.

3. 지나치게 맵거나 기름진 음식은 위나 장에 부담을 주기에 피한다. 특히 저녁을
적게 먹는 습관을 들인다.

4. 찬 음식보다는 따뜻한 음식이나 차를 마신다.

5. 육류와 가공식품을 피하고 신선한 과일이나 채소 주스를 자주 섭취한다.

6. 아연이 풍부한 갯벌 음식과 해조류를 꾸준히 섭취하면 면역 증강에 좋다.

7. 면역 강화와 원활한 소화 작용을 위해 효소 제품을 보조제로 사용해도 좋다.

8. 알레르기 질환에는 장내 유익 미생물의 회복이 중요하다. 장 점막을 강화하고
미생물을 살리는 과채수프(98쪽)와 미생주스(120쪽)를 만들어 먹는다.

9. 코 점막을 튼튼하게 하고 비염에 좋은 생강파뿌리감초차(아래)를 마신다.

10. 유칼립투스 향기를 맡으면 코 막힘이 완화된다.

11. 진하게 우려낸 녹차에 죽염을 조금 넣은 물을 수시로 스프레이 하거나 탈지면
에 묻혀 코 가까이 대어준다.

* 생강파뿌리감초차 만드는 법

재료 : 생강 5톨, 대파 뿌리 10개, 감초 1~2조각, 물 2L

만드는 법 : 물 2L에 생강, 대파 뿌리, 감초를 넣고 물이 1.6리터 정도로 줄어들 때
까지 끓인다. 하루 2~3잔 마신다.

6장

건강을 결정짓는 미량 영양소

아무리 먹어도
허기가 진다면 톡식 헝거

불교에서 무지한 중생이 가게 되는 육도(六道) 중에 지옥보다 조금 나은 아귀도라는 곳이 있다. 살아 있을 때 식탐이 많고 욕심을 부리며 남을 시기하고 질투가 많았던 사람들이 모여 사는 곳이라고 한다. 이 아귀도에 살고 있는 귀신은 목구멍이 바늘구멍만 한데 몸집은 어마어마하게 커서 음식을 아무리 먹어도 배고픔이 계속되는 형벌을 받는다. 게다가 음식을 먹으려고 하면 모두 불에 타 없어져버려 굶주림의 고통이 끝없이 이어진다고 한다.

아무리 먹어도 세포가 굶주린 상태

어느 날 체중이 100kg이 넘는 20대 자폐 청년이 부모와 함께 찾아왔다. 심각한 비만 상태였는데 끊임없이 과자와 빵 같은 간식을 찾는다고 했다. 더 큰 문제는 자다가 깨어도 침대 옆에 먹을 것이 없으면 소리를 지르며 갑자기 폭력적인 모습을 보인다는 것이다. 난폭함이 얼마나 심각한 수준인지, 요양원이나 보호소에서도 받아줄 수 없다며 고개를 내저을 정도였다.

아무리 먹어도 채워지지 않는 허기짐은 왜 일어날까? 끊임없이 먹는 식탐과 이 청년의 폭력적인 성향에는 어떤 연관이 있을까? 제어되지 않는 식탐을 조절하면서 난폭한 기질을 변화시킬 방법은 없을까?

우리는 주로 원하는 것이 충족되지 않을 때 화를 낸다. 예를 들어 중국집에 자장면을 시켰는데 시간이 지나도 배달한 음식이 도착하지 않는다면 슬슬 짜증이 난다. 중국집에 전화를 걸어 "출발했나요? 왜 안 와요?"라고 묻지만 계속 기다려도 음식이 도착하지 않는다. 다시 전화를 걸어 목소리를 높인다. "어떻게 된 거예요? 왜 안 옵니까?"

오랜 시간 참을성을 발휘하여 기다린 끝에 드디어 초인종이 울렸다.

그런데 자장면은 없고 빈 철가방만 도착했다. 허탈감이 밀려오고 화가 치밀어 오른다. 이 같은 상황을 우리 몸에 대입해보자.

우리 몸(세포)이 건강하게 살아가는 데 필요한 최소한의 영양소가 있다. 그런데 원하는 영양소가 몸 안에 들어오지 않으면 슬슬 짜증이 난다. 입에게 어서 먹으라고 계속 요구하지만 아무리 먹어도 정작 필요한 영양소가 도착하지 않는다. 자장면을 시켰는데 빈 철가방만 오는 꼴이다.

이는 우리 몸의 안정감과 관련이 있다. 안정감을 잃은 몸은 불안, 초조, 공포를 느끼고, 이러한 상태가 계속되면서 폭력 성향을 드러내기도 하고 우울 증상이 나타나기도 한다.

필요한 영양소 대신 빈껍데기만

우리 몸(세포)이 필요로 하는 영양소가 없고 독성이 많이 들어 있는 음식을 섭취하면서 끊임없이 배고픔을 느끼는 사람들을 우리는 '톡식 헝거(Toxic Hunger)'라고 한다. 혈관이 막히고 세포가 망가져 수시로 허기가 생기거나 배가 고파 음식을 계속 먹는 사람도 '톡식 헝거'다. 당뇨 환자처럼 입으로는 먹어도 세포가 영양을 제대로 흡수하지 못하여 세포가 굶주려 있는 사람도 역시 '톡식 헝거'다.

우리 몸은 음식물을 섭취하여 영양을 차곡차곡 쌓는 저장 과정과 쌓아놓은 영양을 활용해서 에너지를 만들어내는 신진대사 과정이 함께 이루어지며 생명 활동을 유지해나간다. 들어옴-인풋(input)과 나감-아웃풋(output)이 균형 있게 조화를 이루어야 한다. 먹어서 쌓인 만큼 에너지로 활용하는 이 작용이 잘 이루어지지 않고 축적되면 비만이 생기고 톡식 헝거의 악순환에 빠지게 된다.

우리 몸의 일꾼,
미량 영양소

인체가 필요로 하는 영양소 중 탄수화물, 지방, 단백질을 필수 3대 영양소라고 하는데, 다른 말로 거대 영양소, 즉 마크로뉴트리엔트 (Macronutrient)라 한다. 이에 반해 비타민, 미네랄과 같이 아주 적은 양이지만 우리 몸에 없어서는 안 될 영양소가 있는데, 바로 미량 영양소, 마이크로뉴트리엔트(Micronutrient)이다. 미량 영양소는 우리 몸에 들어온 영양을 에너지로 전환하는 중요한 일을 한다. 그래서 일꾼 영양소라고 부르기도 한다.

아무리 맛있는 음식을 먹더라도 몸 안에서 쓸모 있게 만들어주는 일꾼이 없다면 무용지물이 된다. 아니, 무용지물을 넘어 독이 된다. 미량 영양소가 충분히 들어 있는 음식을 섭취하면서 칼로리를 줄이면 비만이 치료되기 시작한다. 그뿐만 아니라 미량 영양소는 면역력을 강화해주고 손상된 DNA를 치료하면서 암 유전자까지 변화시킬 수 있다. 건강하게 오래 살 수 있도록 해주는 필수 영양소가 바로 미량 영양소다.

빵, 과자류 등 인스턴트식품은 미량 영양소(마이크로뉴트리엔트, 일꾼)가 거의 없는 식품들이다. 거대 영양소(마크로뉴트리엔트)만 들어 있어 칼로리는 높고 스스로 일할 줄 모르는 일종의 '대사 불량 음식'이라고 할 수 있다.

우리 몸(세포)이 필요로 하는 영양소가 들어오지 않으면 뇌는 계속해서 음식을 섭취하라고 요구하게 된다. 계속해서 허기져하며 불량 음식들만 찾게 되는 것이 그 때문이다. 일꾼은 없이 거대 영양 물질만 들어오니 몸에는 독소가 쌓이고 결국 비만이 되거나 질병이 생기는 것이다.

불량 음식 가리면 폭력 성향도 줄어

그렇다면 앞에서 이야기한 비만과 폭력적인 성향을 보이는 자폐 환자에게는 어떻게 해줘야 할까? 결핍된 부분을 채워주고 독소 음식을 줄이면 자연스럽게 대부분의 증세가 회복되기 마련이다.

교정 시설에 있는 비행 청소년들을 대상으로 콜라, 사이다 등 탄산음료를 끊게 하고 올바른 음식을 제공하니 폭력 성향이 확연하게 낮아졌다는 연구 결과를 자주 접하게 된다. 요즘 사회적으로 학교 폭력과 ADHD(주의력 결핍 과잉 행동 장애) 증후군, 청소년 범죄 등이 늘어나는 안타까운 일들이 많다. 그 근본 원인에 우리가 먹고 있는 음식이 있다. 이 사실을 더 많은 어른들이 깨닫게 되길 바랄 뿐이다.

더불어 육체적인 면에서뿐만 아니라 정신적인 면에서도 굶주림에 시달리며 살아가고 있지는 않은지도 점검해보자. 끊임없이 재물을 탐내고 욕심을 부려 부를 축적했으나 어려운 이웃을 위해 나누지 못하는 사람, 상대방을 용서하고 이해하는 마음이 부족해 매사에 짜증을 내거나 화를 가슴에 채우고 사는 사람, 어리석음으로 인해 지혜를 익히고 배우지 못하는 사람도 역시 '폭식 헝거'다.

　채워도 채워도 채워지지 않는 탐욕과 화, 어리석음으로 가득한 삶이라면 내 마음의 굶주림을 해소하기 위해 어떤 변화가 필요할지 함께 생각해보는 것도 좋겠다.

02
미네랄 최소의 법칙
빵과 치킨의 공통점은?

빵과 치킨의
공통점

퀴즈를 하나 내겠다. 우리가 간식거리로, 때로는 한 끼 밥 대신으로 흔히 먹는 치킨과 빵의 공통점은 무엇일까? 일단 매우 맛이 있다. 아이들과 어른들 모두 좋아하는 맛이다.

또 하나 공통점이 있다. 그것은 바로 '일꾼'이 없다는 점이다. 칼로리는 높지만 내 몸속에서 그 영양을 적절히 사용해줄 일꾼이 없는 대표적인 음식이 바로 빵과 치킨이다.

우리가 알고 있는 3대 영양소가 있다. 탄수화물, 지방, 단백질을 3대 영양소라고 이야기하는데 앞서 이야기한 마크로뉴트리엔트(거대 영양소)다. 이는 우리 몸에서 에너지원으로 쓰일 원료가 된다. 집을 짓기 위해 사용될 재료들이라고 할 수 있다. 하지만 스스로 집을 지을 수 없다. 칼로리는 높지만 우리 몸 안에서 스스로 자기를 변화시켜 대사 활동을 할 수 없기 때문이다.

일꾼들이
부족한 시대

이에 반해 일꾼 영양소들이 있다. 칼로리는 많지 않지만 이들 없이 우리 인체는 아무런 대사 활동을 할 수 없게 된다. 비타민, 미네랄, 파이토케미컬 등이 이에 해당하는데, 이를 미량 영양소라고 부른다.

아무리 좋은 재료가 들어오면 뭐하겠는가. 좋은 목수와 일꾼이 없으면 집을 지을 수 없듯이, 우리 몸에 아무리 좋은 영양이 들어온다 해도 이들 비타민, 미네랄, 효소 없이는 소화 흡수나 대사 작용 등 근본적인 생명 활동이 이루어지지 않는다.

지금은 치킨과 빵 같은 음식이 넘쳐나는 시대로, 영양 과잉의 시대다. 이를 적절히 사용할 수 있는 일꾼들이 부족한 시대에 살다 보니 몸의 균형이 깨지고 여러 가지 질병에 노출되는 일이 많아졌다. '일꾼을 찾습니다'라고 구인 광고라도 내야 할 판이다.

어떻게 하면 이들에게 일꾼을 보충해줄 수 있을까? 이는 우리 몸을 건강하게 관리하기 위한 핵심 주제라고도 할 수 있다.

미량 영양소 (마이크로 뉴트리엔트)
미네랄, 비타민 등 적은 양이지만 우리 몸의 생명 활동에 반드시 필요한 필수 영양소로, 일꾼 영양소라고도 한다. 일꾼 없이는 섭취하는 음식이 무용지물을 넘어 독이 된다.

최대가 아닌
최소가
결정한다

여기 술을 담는 오크통(참나무로 만든 양조용 나무통)이 있다. 이 오크통이 아무리 크다고 해도 만약 한쪽 조각에 구멍이 생긴다면 술은 그 구멍 난 위치까지밖에 못 담을 것이다. 이처럼 술을 담는 오크통의 능력은 정상적인 크기의 다른 조각들과 관계없이 구멍 난 조각에 의해서 결정된다.

1800년경 독일의 식물학자 리비히가 이 같은 원리를 '최소의 법칙 (Law of Minimum)'이라는 이론으로 정리했다. 바로 식물의 성장은

'넘치는 성분'에 의해서가 아니라 '가장 부족한 성분'에 의해서 결정된다는 논리다.

이는 현대인의 식탁에도 그대로 적용된다. 우리가 먹는 음식 중에 탄수화물, 단백질, 지방 등의 거대 영양소는 넘쳐나고도 남는다. 그러나 아무리 많은 영양을 섭취했다 할지라도 미네랄이나 효소가 부족하면 소화 흡수 과정부터 우리 몸에서 일어나는 가장 주된 생명 활동인 대사 활동에 문제가 일어난다. 바로 미량 영양소가 부족하면 우리 몸은 구멍 난 오크통이나 마찬가지인 것이다.

"최대가 아니라 최소가 결정한다."
"과한 것보다 부족하지 않게 해야 한다."

우리 몸의
스위치,
미네랄

미량 영양소 중에서도 특히 미네랄은 인체 내 모든 활동에서 스위치 같은 역할을 한다. 필요한 양은 적지만 다른 영양소와 유기적인 관계를 가지며 모든 대사 작용에 참여한다. 심지어 같은 미량 영양소인 비타민도, 효소도 미네랄이 없으면 적절하게 사용될 수 없다. 우리 몸의 생명 활동은 바로 미네랄이 비타민과 힘을 합하여 신체 각 부분의 효소 활동에 관여하면서 시작되는 것이다.

우리 몸에서 미네랄이 차지하는 비율은 3~4% 정도다. 미네랄 중에는 하루 100mg 이상을 필요로 하는 칼슘, 마그네슘, 칼륨, 나트륨, 유황 등이 있는 반면 100mg 이하만 있어도 되는 아연, 셀레늄, 망간 등도 있다. 비록 적은 양이지만 이 각각의 미네랄이 부족하면 각종 질병에 걸릴

위험이 높아진다. 대부분의 현대병이 미네랄이 부족한 것이 원인이라고 해도 과언이 아니다.

미네랄의 유기적 순환

미네랄은 어떠한 생명체도 자체적으로 합성하지 못하고 오로지 식품을 통해서 섭취해야 한다. 주로 다양한 채소와 과일, 해조류를 통해 섭취할 수 있다.

미네랄은 건강한 토양 속에 존재한다. 땅에서 자라는 식물이 땅속 미네랄을 흡수하고, 그 식물을 먹음으로써 사람이 미네랄을 섭취한다. 그리고 다시 퇴비의 형태로 땅에 되돌려주는 것이 미네랄이 유기적으로 순환하는 과정이다. 하지만 최근 몇십 년 사이 이 순환 구조가 망가지면서 미네랄의 균형이 무너지고 있다. 땅이 오염되면서 땅의 생명력도, 인간의 건강도 어려움에 처하게 되었다.

우리 몸은 음식물로 섭취한 영양소(미네랄 등)를 흡수하기 위해서 유익 미생물의 도움을 받아야 한다. 만약 항생제 등 의약품을 복용하거나 방부제가 들어 있는 음식을 자주 먹게 되면 장내 미생물총이 약해져서 영양 흡수에 문제가 생긴다. 영양분을 제대로 흡수할 수 없게 되는 것이다.

식물들도 마찬가지로 땅속에 있는 미생물의 도움을 받아야 땅속 영양인 미네랄을 제대로 흡수할 수 있다. 그런데 근래 몇십 년 사이 화학 농법이 대세가 되면서 농사를 짓기 위해 뿌린 농약이나 화학 비료가 토양 속 미생물들을 죽이는 결과를 가져왔다. 땅속에 있는 미생물이 사라지면서 식물의 영양 흡수가 제대로 이루어지지 않게 되었고, 식물 속 미네랄 함량이 줄어드는 결과를 가져왔다. 미네랄이 부족한 식물을 섭취함으로써 우리가 몸에 받아들이는 미네랄의 양도 과거에 비해 현격히 줄어들게 되었다.

세계 인구 3분의 1이 미네랄 결핍

세계적으로 많은 연구 자료들이 이를 확인해주고 있다. 현대의 땅은 이미 미네랄 균형이 무너져 있으며, 미네랄이 부족한 토양에서 자란 채소와 곡물을 섭취함으로써 전 세계 인구의 3분의 1이 미네랄 결핍으로 인해 많은 질병에 노출되어 있다고 한다.

농약을 뿌려 미생물이 사라진 땅은 죽음의 땅이나 마찬가지다. 그 땅에서 농사지어 나오는 농산물, 그리고 거기서 생명의 에너지를 얻어야 하는 우리가 많은 질병에 노출될 수밖에 없는 건 어쩌면 당연할지도 모른다.

통계 자료에 따르면, 20여 년 전 정상적으로 길러진 시금치 한 단의 영양을 섭취하려면 현재 우리 식탁에 오르는 시금치로는 열 단이 필요하다. 20년 전 사과 한 개의 영양을 얻으려면 요즘 나오는 사과 10~15개를 먹어야 한다는 얘기다. 그러니 지금 사과 한 개를 먹어서 영양분을 섭취하겠다는 생각은 버리는 게 좋다.

POINT 음/식/이/약/이/되/는/습/관/

현대의 식재료에는 필요한 영양소가 부족하기 때문에 영양분 흡수의 방법을 고민해야 한다.

현실이 이렇기 때문에 이제 같은 양을 먹더라도 소화 흡수가 최대한 잘되게 먹는 방법이 중요해진다. 삶고 끓이고 갈아서 조리함으로써 부족한 영양소들을 최대한 흡수하는 것이 당장 우리가 할 수 있는 최선의 방법이다.

세포를 살아 있게 하는 으뜸 영양소

인체가 필요로 하는 영양소는 여러 가지가 있다. 그러나 어떠한 비타민도, 어떠한 효소도 미네랄이 없이는 절대 작동하지 않는다. 영양소 중 가장 으뜸이 바로 미네랄이다. 포도주를 담는 오크통 이야기를 했듯이 모든 생명체에는 '최소의 법칙'이 적용된다. 우리 몸의 세포 60조 개가 정상적으로 돌아가기 위해서는 미량의 영양이라 할지라도 미네랄이 반드시 들어와야 한다.

미네랄은 단순히 땅속에 있는 광물질을 뜻하는 말이 아니다. 생명 활동의 핵심 물질이다. 미네랄이 있어야 전기 스위치가 들어오고 공장이 가동되기 시작한다.

그 생명력이 부족해지면 부족한 만큼 우리 몸에 있는 많은 공장들(세포들)이 문을 닫아야 한다. 일꾼이 부족해 문을 닫는 공장이 없도록 도와주는 것이 우리의 중요한 숙제 중 하나다.

POINT 음/식/이/ 약/이/ 되/는/ 습/관/

거대 영양소(탄수화물, 지방, 단백질)에 비해 극히 적은 양이라도 미량 영양소 (비타민, 미네랄, 효소 등)를 제대로 섭취해야 우리 몸의 건강을 살릴 수 있다.

재배 작물이 아니라 산이나 강, 바다에서 자연 그대로 자라나는 식물, 또는 우엉, 당근, 무, 연근같이 뿌리가 깊은 땅속까지 자라나는 식물일수록 영양소는 물론 미네랄이 풍부하다. 또 바다에서 나오는 미역, 다시마, 김, 파래 등 해조류와 갯벌에서 나오는 먹을거리들은 엄마 양수 수준의 미네랄을 간직하고 있어 식단에서 빠뜨려서는 안 될 소중한 음식 재료들이다.

우리의 건강을 위해서라도 미생물과 미네랄이 살아 있도록 땅을 회복시키는 일은 매우 중요하다. 또한 천혜의 보고와도 같은 서해안 갯벌을 살리는 일은 우리의 생명을 살리는 일과 같다는 점을 명심하자.

POINT 음/식/이/ 약/이/ 되/는/ 습/관/

지금 우리가 먹고 있는 먹을거리를 조금이라도 관심을 가지고 들여다보면 병에 걸리지 않는 것이 오히려 이상할 정도다.

오랜 시간 농약과 화학 비료를 사용해서 미생물조차 살 수 없는 죽은 땅에서 자란 채소가 대부분이기 때문이다. 비닐하우스나 수경 재배 농법으로 기르면서 무색소, 무첨가, 저농약, 무농약, 유기농 등의 마크를 달고 유통되는 채소도 사실은 미네랄, 생리 활성 물질, 영양소 등이 턱없이 부족하여 생명을 살릴 수 없는 빈껍데기인 경우가 많다.

같은 음식 재료라 할지라도 어떤 땅에서, 어떤 방법으로 길러지고, 어떤 경로로 우리 식탁에 올라왔는지에 따라 영양 성분이 달라질 수 있다. 음식이 우리에게 오기까지의 과정을 살펴보아야 건강 문제에 제대로 접근할 수 있다.

식물이 약이 되고
천연 의사가 되는 이유

우리는 식물들이 살아가기 위해 하는 작용 중 일부분만을 알고 있다. 그러나 조금만 관심을 가지고 들여다보면 식물들이 생존하는 방식에 꽤나 흥미롭고 불가사의한 힘이 있음을 알 수 있다. 바로 식물이 약이 되고 천연 의사가 되는 이유다. 다양한 식물 영양소들과 그 효과를 알아보자.

노화를 막는 카로틴류

당근, 수박, 토마토 등의 채소와 과일의 색소를 만들어내는 '카로틴류'는 식물들을 해로운 자외선으로부터 지켜주는 성분으로, 세포가 노화되는 것을 막아주는 항산화 작용을 하며, 식물이 빛을 흡수하여 광합성 작용을 하는 데도 매우 중요한 역할을 한다. 혈중 카로틴류 농도가 높을수록 암을 비롯한 많은 질병을 예방하고 노화를 늦춰 수명이 연장된다.

녹황색 채소에 많이 들어 있는 '베타카로틴'은 인체 내에서 비타민 A를 만들고 상피 세포를 보호하는 능력이 뛰어나 강력한 항암 작용을 하는 것은 물론 심장과 눈을 건강하게 하는 효능이 있다.

백혈구를 증가시켜 면역력을 높이는 플라본류

마늘, 양파, 양배추, 무 같은 담색 채소류나 바나나, 사과, 파인애플 등의 과일에 많은 '플라본류'는 백혈구를 증가시켜 면역력을 높이는 작용을 한다. 체내에서 비타민 E보다도 더 강한 환원력을 지녀 젊음을 되찾게 해주고 심장병 예방에도 효과가 있는 것으로 알려져 있다.

여성호르몬을 대체하는 이소플라본

특히 콩이나 브로콜리, 양배추 등 십자화과에 속하는 식물에 많이 들어 있는 식물호르몬인 '이소플라본'은 인체 내에서 여성호르몬인 에스트로겐과 같은 작용을 한다. 여성호르몬이 부족하여 나타나는 갱년기 증후군이나 우울증, 골다공증 등의 증세를 완화해주며 심장병, 고혈압, 동맥경화 등을 예방하고 암을 예방하는 효과도 있다.

장내 유익균의 먹이가 되는 프락토올리고당

식물 영양소 중 과일 등에 많이 들어 있는 프락토올리고당(FOS), 감자와 쌀겨 등에 포함되어 있는 토코트리에놀, 감귤류에 들어 있는 바이오플라본류 등은 장내에서 유해균의 증식을 억제하고 유익균을 증가시키는 작용을 한다. 인체 내로 들어가는 가장 중요한 통로인 장을 건강하게 만들고, 불필요한 노폐물과 가스를 회수하여 혈액을 깨끗하게 한다.

03
물김치는
완벽한 링거액

병사들을 살린
생명의 물

1800년대 후반, 영국에서 한 과학자가 개구리를 가지고 실험을 진행했다. 개구리 심장의 수축 강도를 측정하는 실험이었는데 실험 도중 개구리가 죽어 자꾸 실패로 돌아갔다.

각고의 노력 끝에 그는 개구리의 심장이 계속 뛸 수 있게 하는 물을 찾아냈는데, 바로 개구리의 체액 농도에 맞춘 바닷물이었다. 이 바닷물 덕분에 실험 중에도 개구리의 심장이 멈추지 않았고 실험에 성공할 수 있었다.

그때 마침 세계대전이 일어났다. 이 학자도 의무병으로 전쟁에 참여하게 되었다. 전장에서 쓰러지는 젊은 병사들을 보며 그는 실험 때 사용한 바닷물을 떠올렸다. 그 물로 병사들을 구할 수 있지 않을까?

바닷물을 희석하고 정제한 후 병사들에게 주사했다. 죽어가던 병사들이 살아났고, 이후로 그 물은 비상사태나 응급 상태의 환자들에게 제공되는 '생명의 물'이 되었다. 그 물을 개발한 학자는 바로 영국의 약리학자이자 외과 의사인 시드니 링거(Sydney Ringer, 1835~1910)이고, 그 생명의 물은 이후 '링거액'이라 불렸다.

이 원리에 따라 바다에서 온 소금물(미네랄이 들어 있는)을 우리 인체 농도와 맞추어서 꾸준하게 복용하면 병원에서 링거액을 맞는 것과 비슷한 효과를 얻을 수 있다.

여기 링거액과 같은 효과를 내는 음식을 소개하고자 한다. 우리 옛 조상들의 지혜의 산물인 물김치다.

미네랄과 미생물의 보고, 물김치

먼저 물김치에는 무, 배추, 미나리 등 각종 채소가 들어 있다. 채소에는 태양 에너지를 저장한 엽록소 덩어리들이 함유되어 있다.

이 좋은 재료를 소금으로 간을 맞춰 소화 흡수가 잘되도록 숙성시킨다. 숙성 발효시키는 동안 채소 안의 엽록소가 쏟아져 나오고 우리 몸의 또 다른 파수꾼 미생물이 듬뿍 생겨난다.

식사 때마다 물김치를 먹으면 엽록소 안의 각종 미네랄과 미생물을 충분히 섭취할 수 있게 된다. 이제 평범하게 여기던 물김치가 새롭게 보이기 시작할 것이다.

통상적으로 물김치는 담근 후 15일 정도 숙성되었을 때 미생물이 최고 수준에 이른다고 한다. 이후에는 시간이 지날수록 미생물 농도가 떨어지니 그때그때 담가 적당히 숙성시켜 빠른 시간 내에 먹는 것이 좋다.

또한 물김치 안에 어떤 재료를 넣느냐에 따라 얼마든지 다양한 다기능 링거 효과를 만들어낼 수 있다.

생명이 넘치는 갯벌

인체에 필요한 각종 미네랄과 자연의 생명력을 완벽하게 지닌 곳이 있으니 바로 천혜의 보고 '갯벌'이다. 갯벌은 모든 강줄기들이 바다로 나가기 전에 모여드는 곳이다. 이렇게 모인 강물을 정화하여 바다로 내보낸다. 먼 바다에서 오염되어 들어온 바닷물을 정화하여 다시 바다로 돌려보내기도 한다.

지난 2007년 서해안 기름 유출 사고 직후 모두들 서해가 '죽음의 바다'가 되었다고 걱정했다. 그러나 사람들의 정성과 노력, 여기에 자연 스스로 정화하는 생명력이 더해져 바다는 다시 살아났다. 그 중심에 갯벌이 있었다.

이렇듯 갯벌은 지구에서 생명 활동과 정화 작용이 가장 활발하게 일어나는 곳이다. 그래서인지 갯벌에 사는 생물들은 우리 몸을 정화하고 생명의 기운으로 회복하게 하는 데에 탁월한 효과를 지닌다.

갯벌에 사는 생물들은 인체의 혈액 조직과 유사한 성분이 많아 우리 몸에서 피를 만드는 일을 돕는다. 장 점막을 튼튼하게 하는 뮤신을 비롯하여 세포를 재생시키는 핵산이 풍부하다. 갯벌 생물은 특히 식물성 단백질과 유사한 단백질을 지니고 있어 소화 흡수에 좋은 양질의 단백

질 공급원이 된다. 비타민 D와 같은 태양 에너지를 가득 저장하고 있기도 하다. 불포화지방산인 오메가-3와 간 대사 및 장 건강에 유익한 효소를 많이 함유하고 있을 뿐만 아니라 호르몬의 기본 성분, 인슐린 분비를 촉진하는 성분 등이 포함되어 매우 다양한 효능을 지닌다.

이처럼 우리 몸에 필요한 많은 영양 성분들을 간직하고 있어 음식 치유에도 매우 효과적으로 사용될 수 있는 좋은 재료가 가득한 곳이 바로 갯벌이다. 토양이 많이 오염된 땅에 비해서 아직 바다는 살아 있는 편이다. 갯벌에서 나오는 갯벌 생물과 해조류를 충분히 섭취함으로써 부족한 미네랄과 영양을 보충할 수 있다.

간식을 끊고 온순하게 변한 청년

앞서 폭력 성향을 보이며 불량 음식을 폭식하던 자폐 환자에 대한 이야기를 다시 해보자. 이 청년에게 내가 가장 먼저 처방한 것은 '과채수프'이었다. 당 성분은 머리(뇌)가 좋아하기도 하고, 과일을 삶을 때 나오는 당을 프락토올리고당이라고 하는데 이는 장내 유익 미생물이 가장 좋아하는 먹이가 된다.

그다음으로는 미네랄이 충분히 들어간 음료를 만들어 평소 물 마시듯이 자주 마시게 했다. 이 음료는 이번 장 [치유의 레시피]에 소개하는 '파이토미네 주스'다. 그리고 마지막으로 평소 식사 때 미역국을 자주 먹으라고 당부했다. 바다에서 온 해조류 미역은 우리 몸의 세포들이 좋아하는 각종 미네랄을 가장 완벽하게 갖고 있는 식품 중 하나다.

결과는 매우 놀라웠다. 보름 정도 지나자 간식이 줄기 시작하더니 한 달 만에 간식을 거의 먹지 않게 되었다. 성격도 몰라보게 온순하게 변한 것은 물론이거니와 처음 만날 당시 120킬로그램에 달하던 몸무게가 불과 몇 개월 사이에 80킬로그램 정도로 줄어들었다.

몸이 요구하는 영양소가 제대로 충족되면 우리의 뇌는 더 이상 먹을 것을 요구하지 않는다. 이것이 몸의 원리다. 필요로 하는 영양소를 제때 공급해주면 몸의 모든 세포들이 정상적으로 작동하게 되고 불필요한 식탐도 함께 사라진다. 다이어트를 생각하는 분들이라면 이러한 원리를 떠올려 식단을 바꾸고 건강 음식을 먹음으로써 체중 감량의 효과를 얻을 수 있을 것이다.

만성 통증의 해결사, 마그네슘

미네랄에는 마그네슘, 칼륨, 유황, 아연 등 다양한 종류가 있다. 그중에서도 마그네슘은 만성 통증의 해결사라 불린다.

히딩크 감독이 건네준 영양제 한 알

2002년 월드컵 경기 때 축구 선수들이 경기를 마치고 들어오면 히딩크 감독이 마그네슘이 들어간 영양제를 한 알씩 나누어주었다고 한다. 막 경기를 뛰고 온 선수들의 근육 통증을 풀어주기 위한 것이었다.

북한 선수들은 경기가 끝나면 동치미 국물을 먹었다고 한다. 김치 국물 속에 들어 있는 마그네슘 섭취를 통해 통증을 완화하고자 하는 원리는 마찬가지다. 오랜만에 등산을 하고 났더니 다리 근육이 경직되고 아프다면 집에 있는 동치미 국물을 한 그릇 마시는 것이 도움이 된다.

출산 후 미역국을 먹는 이유

엽록소가 많이 들어 있는 해조류에도 마그네슘이 풍부하게 들어 있다. 우리나라 여성들이 출산 후 산후 조리식으로 먹는 미역국을 떠올려보자. 여성들은 출산 과정의 여러 가지 원인으로 인해서 만성 통증을 달고 산다. 그것을 해소해주는 음식이 바로 마그네슘이 풍부한 미역국이다. 통증을 완화해주고 피를 만들고 혈관을 건강하게 만드는 작용을 하는 성분이 집약적으로 들어 있는 음식이라고 할 수 있다.

마그네슘

반드시 섭취해야 할 미네랄로 인체 내에서 뼈의 대사, 아미노산 활성화, ATP 합성, 단백질 합성, 근육 이완 등의 기능을 한다.

치유의 레시피

몸이 원하는 미량 영양소가 가득
파이토미네 주스

식물을 뜻하는 파이토(phyto)와 미네랄(mineral)을 합쳐 파이토미네 주스라고 이름 지었다.
우리 몸이 요구하는 필수 미네랄을 충분히 공급함으로써 불필요한 식탐을 줄이고 세포를
안정시켜 체중 감량은 물론 성격도 온순하게 변화시키는 효과를 보인다. 인체가 필요로
하는 미네랄이 풍부하게 들어간 미네랄 음료라 할 수 있다.

재료

물 2L, 건조 우엉 15~20g, 죽염 1g, 다시마 10x10cm 1장, 발효 간장(집간장) 30ml, 천연 발효 식초 약간

* 우엉에는 각종 미네랄 등 유용 성분이 다량 함유되어 있다. 혈관을 정화하고 당뇨를 예방하며 장을 깨끗하게
만들고 유익 미생물의 생존을 돕는 일을 한다.

만드는 법

① 물 2L에 건조 우엉 15~20g, 죽염 1g을 넣고 20분 정도 끓인다.

② 불을 끄고 다시마 10x10cm 1장을 넣고 10분 정도 우려낸다.

③ 여기에 발효 간장 30ml를 넣고 섞는다.

④ 아침에 200ml 한 잔에 천연 발효 식초(마늘 식초)를 적당량 첨가하여 마신다. 수시로 마셔도 좋다.

* 미네랄이 잘 흡수되기 위해서는 발효 식품의 도움이 필요하다. 식초와 간장을 약간씩 넣어주면 흡수율이 높아진다.

다시마는 처음부터 모든 재료와 함께 넣어도 되고, 우엉을 먼저 충분히 끓이고 난 후 불을 끈 상태에서 넣어 우려내도 된다.
다시마의 끈적끈적한 성분(알긴산)이 식감을 방해할 수 있으니 필요에 따라 적당히 가감하여 요리한다.
단, 변비가 있는 이들은 다시마를 처음부터 같이 넣고 끓이는 게 좋다.

파이토미네 주스의 효능

■ 인체에 필요한 필수 아미노산(아르기닌 등)이 18종 이상 다량 함유되어 있다.

■ 호르몬 생성과 분비를 촉진한다.

■ 항산화 작용이 강한 사포닌을 함유하고 있어 혈액과 혈관을 깨끗이 한다.

■ 산화질소(NO)의 증가와 마그네슘의 작용으로 심혈관 기능 강화에 도움을 준다.

■ 이눌린 성분이 많아 췌장을 편하게 하고 혈당을 조절하는 작용이 있다.

■ 인체에 필요한 미네랄이 풍부하여 전해질 균형과 자율 신경 안정에 도움이 된다.

■ 고혈압, 당뇨, 피부 질환, 혈관 염증, 불면증, 근육통, 통풍 등의 통증 질환 치료에 도움을 주고, 해독 작용, 혈액 정화 작용, 암 환자의 회복력 증대 등에 유효하다.

7장

전통 발효 음식 5형제

그녀가 청국장을
알았더라면

주연보다 더 빛나는 조연이 있다. 바로 우리 전통 발효 식품이다. 요리의 주재료는 아니지만 조연으로서 전체 음식이 약이 되게 만드는 놀라운 효능을 갖고 있는 전통 발효 식품. 그 위대한 힘과 효능에 대해 알아보자.

급증하는 유방암
발병의 원인

얼마 전 할리우드의 유명 배우 안젤리나 졸리에 관한 기사를 보게 되었다. 유전성 유방암의 원인 유전자(BRCA1)를 보유한 사실을 알고 유방암 예방을 위해 유방 절제술을 받았다는 소식이었다. 안타까운 마음이 들었다. 만약 그가 한국에 있었다면 어땠을까? 다른 방법을 찾아볼 수 있지 않았을까 싶은 아쉬움이 들었다.

여러 암 중에서도 최근 급증하고 있는 것이 바로 유방암이다. 유방암은 안젤리나 졸리처럼 유전적 소인 때문에 발병하기도 하지만, 환경적 요인이나 외부적 원인으로 인해 발병하는 경우가 많다. 가장 큰 원인으로 알려진 것은 여성호르몬인 에스트로겐의 과다 분비다.

요즘은 환경호르몬의 영향과 각종 인스턴트식품, 식품 첨가물의 섭취가 늘면서 여자아이들의 초경 시기가 빨라지고 있다. 또한 폐경이 늦어지는 경우도 늘고 있다. 이는 모두 에스트로겐의 노출 기간이 길어진 것으로, 환경적 요인에 의해 생체 리듬이 깨지면서 일어나는 현상들이다.

출산 후 모유 수유를 하지 않을 경우도 에스트로겐 과다 분비로 인한 유방암 발병 확률이 높은 것으로 나타난다. 이 밖에 비만이나 과도한 스트레스도 유방암의 발병 원인으로 꼽힌다.

사실상 유방암은 유전적인 소인보다는 환경적이거나 외부적 원인으로 인해 발병할 확률이 높은 병이다. 발병률 5% 내외의 유전적 원인을 제외하면 어떻게 관리하고 섭생하며 어떤 라이프 스타일을 갖느냐 하는 것이 암 발현에 결정적인 영향을 미친다고 볼 수 있다.

강력한 항암 물질 가득한 청국장

유방암에 유전적 소인을 가진 안젤리나 졸리와 같은 경우 유방암을 예방할 수 있는 방법은 없는 것일까?

우선 생활에서 오는 과도한 스트레스를 줄이는 것이다. 스트레스는 만병의 근원이기도 하지만 특히 암을 일으키는 주된 원인이 된다.

두 번째로는 유방암 소인이 발현되지 않도록 평소 항암 작용을 하는 좋은 음식을 찾아 먹는 것이다.

이 두 가지를 동시에 해결할 수 있는 강력한 무기가 있으니, 바로 우리 전통 발효 음식 가운데 하나인 청국장이다.

청국장은 콩을 발효시켜서 만든 음식으로, 청국장 안에는 제니스테인(Genistein)이라고 하는 강력한 항암 물질이 들어 있다. 청국장만 꾸준히 먹어도 암 예방에 효과가 크다고 할 수 있다.

청국장은 특히 대장암과 전립선암 등에 좋은데 여성 암에도 매우 효과적인 작용을 하는 것으로 알려져 있다.

우리가 먹는 식품 중에 약국에서 취급해야 할 정도로 효과가 뛰어난 음식이 몇 가지 있는데, 그중 대표적인 것이 바로 청국장이다. 식품 자체만으로 약으로 써도 될 정도로 훌륭하다는 뜻이다.

기분 좋아지는
음식

청국장

콩으로 만든 자연 식품으로, 인간에게 필요한 영양소를 가장 많이 포함한 음식으로 알려져 있다.
암을 포함한 모든 질병의 원인인 노화와 면역력 약화, 혈관 장애, 산화 물질 발생 등을 예방하고 치료하는 강력한 항산화, 항암 식품이다.

또 하나, 청국장은 우리 몸을 따뜻하게 하고 기분이 좋아지게 만든다. 맞선을 본 남녀가 고급 레스토랑을 다니며 마주 보고 이야기를 나누고 있다면 아직도 서로를 탐색하는 중인 것이다. 그러던 어느 날 두 사람이 청국장 집엘 들어간다면 사랑이 깊어지고 편안해진 것이다. 아마 곧 결혼하리라 짐작해도 좋을 것이다.

흔히 '사랑의 묘약'이라는 말을 하는데, 청국장이 바로 그 사랑의 묘약이다. 청국장은 먹고 나면 속이 따뜻해지고 긴장이 풀어진다. 기분 좋은 작용을 하여 우울증도 낫게 하는 것이 청국장이다. 좀 짙은 냄새가 난다 한들 거부할 이유가 있을까 싶다.

암을 이겨내는
전통 발효 음식 5형제

지구를 지키는 독수리 5형제가 있듯이, 한국을 대표하는 전통 발효 음식에도 5형제가 있다. 간장, 된장, 청국장, 김치, 식초가 그 주인공이다. 이 5형제가 어떻게 우리의 건강을 지켜주는지, 한 환자의 사례를 통해 이야기를 시작해보자.

> 암을 이겨내는 발효 음식 오형제 :
> 간장, 된장, 청국장, 김치, 식초(전통 발효)

중년 이후 많은 분들이 생활 속에서 누적된 과로와 스트레스로 한두 가지 이상의 질환을 앓는다. 특히 중년 여성들이 공통적으로 앓고 있는 질환이 흔히 오줌소태라고 표현하기도 하는 방광염이다. 다음 환자의 사례를 들어보자.

저는 50대 중반의 여성입니다.

제가 이렇게 상담을 청한 것은 바로 방광염 때문입니다. 조금만 과로를 해도

방광염이 찾아옵니다. 소변을 봐도 금방 또 화장실을 찾게 되고 시원하지가

않아서 일상이 찜찜합니다. 소변을 보고 나도 잔뇨감이 있고 소변 볼 때마다

찌릿찌릿하게 아파서 여간 불편한 게 아닙니다.

약물 부작용 때문에 항생제를 사용하지 못하기에 이러지도 저러지도 못하는

상황입니다. 어떻게 해야 할까요?

방광염에 좋은 수박탕

앞서 장에서도 이야기했지만 신장과 방광, 요도를 건강하게 만드는 것이 소금이다. 적당한 소금이 오줌길을 지나면서 염증을 방지해주고 조직에 탄력도 생기게 만든다.

이분에게 첫 번째로 처방해준 음식은 수박탕이었다. 수박을 껍질째로 깨끗이 닦은 후 조각내어 솥에 담는다. 바닥이 타지 않을 정도로 물을 약간만 넣고 끓여준다. 일반 솥에서는 40분 정도 끓이고 압력솥은 그보다 짧은 시간도 가능하다. 이렇게 끓인 것을 삼베 보자기에 싸서 국물을 짜내 마신다. 그냥 먹어도 좋고, 여름철이니 냉장고에 넣어 시원하게 한 후 마셔도 좋다.

수박에는 암을 퇴치하는 데 도움이 되는 라이코펜이라는 항산화 성분이 풍부하게 들어 있다. 토마토에도 들어 있는 이 라이코펜은 비뇨기관에 좋은 성분이다. 수박은 수분을 충분히 공급해주어 수분 부족으

박과 식물의 씨에 존재하
는 아미노산으로, 모세혈
관을 확장시키고 혈액 순
환을 도우며 혈압을 낮추
는 효능이 있다.

로 인한 여러 건강 문제가 있을 경우에도 활용하면 좋다.

특히 수박 껍질과 씨에서 나오는 시트룰린이라는 성분이 있다. 이 성분은 모세혈관(세동맥)을 확장해 혈액 순환을 돕고 신체 조직의 산소 이용률을 높여 세포를 건강하게 하는 효능이 있다. 혈액 순환을 도와 혈압을 낮추어주고 협심증, 동맥경화 등 심장 질환을 예방·치료하며 이뇨 작용은 물론 발기부전 치료 등 비뇨기 건강까지 좋게 한다. 너무나 가까이 있어서 그 소중함을 잊고 있는 과일이 바로 수박이다. 수박탕에 소금을 약간 섞어 지속적으로 마시면 신장과 방광을 건강하게 하는 명약이 된다.

간장을 넣어 마시는 우엉차

수박탕 외에 이 환자에게 처방한 또 다른 음식이 있는데, 바로 우엉차다. 일반적인 우엉차와 달리 우엉 끓인 물에 간장을 혼합한 차다. 우엉의 이뇨 작용과 함께 간장이 신장과 방광, 요도를 소독하는 작용을 하면서 방광염을 치료하여 건강을 회복시켜준다.

이러한 처방은 간단한 기본 재료에 집에 있는 발효 식품인 간장이나 소금을 활용해 치료할 수 있는 방법이다.

POINT 음/식/이/약/이/되/는/습/관/

방광염에 효과 있는 우엉과 간장

우엉 우려낸 물 1L에 간장 25㎖를 혼합한다. 그 물을 수시로 마시면 우엉의 이뇨 작용과 더불어 간장이 신장, 방광, 요도의 염증을 가라앉히는 작용을 해서 방광염에 효과를 볼 수 있다.

소금이 콩을 만나면

우리 전통 발효 음식의 핵심은 소금이라고 할 수 있다. 소금이 누구를 만나느냐에 따라 발효 음식의 갈래가 나뉜다. 소금이 콩을 만나 발효시켜 물을 낸 것이 간장이고, 간장을 빼고 남은 것은 된장이다. 된장과 간장은 친형제나 마찬가지다.

간장과 된장을 만들어내는 과정에 숨어 있는 우렁각시로 미생물이 있다. 여기에 시간과 정성이 더해진다. 우리 조상들은 장을 담글 때에도 그냥 만들지 않았다. 하늘이 내려준 음식이라 생각해 장 담그는 날을 받아 만들었다. 또 부정 타지 않도록 조심스럽게 정성을 다했다. 그만큼 귀하고 소중하게 여긴 것이다.

기다림과 정성, 거기에 미생물이 합쳐져서 만들어낸 최고의 걸작품이 바로 우리의 전통 발효 식품들이다. 패스트푸드에 익숙해져 있는 시대에 존재 가치가 더욱 빛나는 슬로푸드라 할 수 있다.

콩의 엑기스, 간장

이렇게 소금과 콩이 만나 득도(得道)한 것이 바로 간장이다. 간장은 섬유질을 갖고 있지 않은 대신 콩의 엑기스, 즉 핵심을 갖고 있다. 레시틴(생체막을 구성하는 주요 성분), 메티오닌(필수 아미노산 중 하나) 등 콩이 지닌 중요 성분이 간장에 다 녹아 있다.

이렇게 오랜 기다림 속에 만들어진 간장은 기다림 속에 깊은 도(맛과 영양)가 스며든 걸작이다.

간장은 섬유질을 갖고 있지 않기 때문에 섬유질이 있는 채소류를 무칠 때 궁합이 잘 맞는다. 간장의 가장 큰 장점은 혈액의 능력을 극대화한다는 점이다. 예를 들어 깊은 상처가 났는데 잘 낫지 않고 자꾸 염증이 생긴다면 적절하게 만든 간장 요리를 먹음으로써 혈액의 작용을 극대화해서 상처 치유에 도움을 줄 수 있다.

간장에 들어 있는 메티오닌은 필수 아미노산 중 하나로, 간의 해독 작용을 도와 체내 유독 물질을 제거하고, 알코올과 니코틴의 해독을 돕고 혈액을 맑게 한다. 비타민의 체내 합성을 촉진하고, 칼슘과 인의 대사 조절로 치아와 뼈 조직을 단단하게 한다.

POINT 음/식/이/약/이/되/는/습/관/

전통 발효 음식으로서 간장은 양조간장이 아니라 전통 방식으로 만들어진 조선간장을 말한다.

오덕(五德)을 갖춘 된장

모든 엑기스(핵심)를 간장에 주고 남은 찌꺼기가 바로 된장이다. 된장은 간장과 친형제여서인지 간장과 유사한 작용을 한다. 옛날에 곤장을 맞고 돌아온 사람에게 된장을 발라 치료했다는 이야기가 전해진다. 된장이 상처 치유에 효과가 있기에 가능한 일이다. 지금은 이야기로 전해오지만 그 속에서 조상들의 지혜를 엿볼 수 있다.

된장에게는 다섯 가지 덕(德)이 있으니 다음과 같다. 다른 음식과 잘 섞이며 조화롭게 어우러진다. 그러면서도 중심 맛을 건드리지 않는 배려하는 마음이 있다. 다른 맛과 섞여도 제 맛을 잃지 않으며, 세월이 지나도 맛과 효능이 변하지 않는다. 여기에 매운맛을 부드럽게 만들어주고 잡냄새를 없애는 능력까지 갖추었다.

된장의 5덕

❶ 화심(和心) : 어떤 음식과도 조화가 잘된다.
❷ 단심(丹心) : 다른 맛과 섞여도 제 맛을 잃지 않는다.
❸ 항심(恒心) : 오래 두어도 변질되지 않는다.
❹ 선심(善心) : 매운맛을 부드럽게 해준다.
❺ 불심(佛心) : 비리고 기름진 냄새를 제거한다.

실제 된장은 간 기능을 강화하고 섬유질이 풍부하게 함유되어 있어서 변비를 예방하고 개선하는 데 좋은 효과가 있다. 레시틴 성분은 뇌 기능을 향상시키고, 사포닌 성분은 노화 방지와 노인성 치매 예방에 도움이 된다. 이렇듯 여러 좋은 점들 덕분에 된장은 세계적으로 각광받는 음식으로 부상하고 있다.

청국장을 먹을 때는 **해조류와 함께**

콩이 소금과 만나 오랜 시간 숙성되어 만들어진 작품이 간장과 된장이라면, 청국장은 콩에 소금과 미생물이 더해져 짧은 시간에 새로운 변화를 일으킨 식품이다. 특히 콩 단백질이 미생물에 의해 다양한 성분으로 바뀌면서 각종 강력한 항암 물질을 만들어내고 독소 제거 및 노화 방지에 탁월한 효과를 보이는 등 최고의 건강 식품으로 꼽힌다.

청국장 = 콩 + 소금 + 미생물

일반적으로 된장은 오랜 시간 동안 숙성된 식품이기에 충분히 끓여 먹어도 그 안의 좋은 물질들을 섭취하는 것이 가능하지만, 청국장은 조금 다르다. 청국장은 단시간에 다양한 미생물이 작용하여 만들어진 음식이다. 그렇기에 가능하면 생으로 먹는 것이 좀 더 효과가 크다. 끓이더라도 단시간에 끓여 내는 것이 좋다.

청국장을 가장 효과적으로 먹는 방법은 다시마나 김 등 바다에서 나는 해조류와 함께 먹는 것이다. 해조류에 들어 있는 미네랄과 영양 성분이 씨앗류(콩)의 지용성 성분(오메가-3 등)을 만나면 흡수율을 높이고, 인체 내로 흡수된 후에도 효능 면에서 매우 효과적으로 작용하게 된다 (예를 들어 미역국 + 들깻가루). 마른 김이나 다시마에 청국장을 조금 올려 싸 먹으면 청국장 특유의 냄새가 사라지면서 건강에도 더욱 좋은 음식이 된다.

청국장을 발효시킬 때 볏짚을 깔고 띄우는데, 이 볏짚에 다시마 줄기와 같은 해조류를 깔면 효능이 훨씬 좋아지고 냄새도 줄어드는 것을 경험할 수 있다. 청국장에 다시마를 약간 썰어 넣고 만드는 방법도 있다.

발효 식품의 최정점, 식초

네 번째 전통 발효 식품으로는 식초가 있다. 식초는 모든 발효 음식의 최정점에 있다. 발효 음식의 최종 단계에서 만들어지는 것이 바로 식초라고 보면 된다. 식초는 백약 중에도 으뜸이라고 한다. 우선 면역력이 좋아진다. 자연 발효 식초를 섭취하면 혈액 속에서 면역을 담당하는 림프구를 많이 만들어 면역 기능이 높아진다.

또한 몸의 생리 기능을 활성화한다. 발효 식초에는 다양한 유기산과 단백질, 아미노산, 무기질, 비타민 등이 풍부하다. 소화 흡수 능력도 좋아지는데, 위암 등의 특수 질환 때문에 위를 절제하여 위산 분비 능력이 떨어지는 환자들에게는 식초가 소화액을 대신할 수 있는 식품 중 하나다.

이 밖에도 산소와 헤모글로빈의 친화력을 높여 뇌에 충분한 산소를 공급함으로써 머리를 맑게 해주고 기억력을 증진한다. 특히 파로틴(일명 회춘 호르몬)의 분비를 촉진하여 세포의 노화를 막고 체내의 칼슘 흡착력을 높여서 골의 질량을 늘려 뼈를 튼튼하게 만들어준다.

식초는 어떠한 재료로도 만들 수 있다. 보통 매실이나 오미자 등에 설탕을 섞어서 발효액을 만드는데, 건더기를 걸러낸 후 발효액에 종초를 섞어 발효시키면 설탕과 같은 당 성분 없이 채소나 과일이 갖고 있는 고유의 핵심 성분을 담은 발효 식초를 만들 수 있다.

과일 + 설탕 ➡ 추출 원액 + 종초 ➡ 식초
식초를 만들 때에는 종초(식초 발효용)를 1:1 비율로 섞는다.
3개월 숙성 후 완성된다.

빙초산

빙초산은 석유에서 초산을 뽑은 다음 중금속을 제거하여 만든 것으로 주로 공업용으로 쓰인다. 일부 식품 첨가물로 허가되어 있으나 안전성이 확인되지 않았으므로 섭취에 주의가 필요하다.

여기서 말하는 식초는 과일주나 곡물주, 주정 등을 초산 발효시켜 만든 발효 식초로, 시판되는 주정 식초나 합성 식초와는 다르다. 주정 식초는 식초를 빨리 만들기 위해 옥수수, 고구마, 감자 등을 이용해 만든 주정을 물로 희석한 다음 산소를 인위적으로 불어 넣어 하루 이틀 만에 만들어내는 식초다. 이 식초에는 오랜 시간 충분히 숙성하고 발효한 식초 속에 들어 있는 다양한 유기산과 단백질, 아미노산, 비타민, 무기질 등의 함량이 현저히 부족하다.

장을 살리는
물김치
이야기

마지막 전통 발효 식품으로 김치를 들 수 있다. 앞서 간장, 된장, 청국장이 콩과 소금이 만나 만들어진 전통 발효 식품이라면, 김치는 태양 에너지를 담고 있는 각종 채소류에 소금을 섞고 이 모든 재료들을 숙성 발효시켜 만들어낸 종합적인 발효 음식이라고 할 수 있다. 우리 전통 발효 식품의 집결체이자 우리 음식 문화의 한 장을 이루고 있는 분야이기도 하다.

김치는 식품 중에서 왕이라 할 만큼 완벽하게 영양을 갖춘 음식이자 과학적으로도 여러 가지 효능이 입증된 건강 식품이다.

우선 채소가 주재료이므로 식이섬유가 풍부하고 칼로리가 낮다. 비타민, 미네랄, 파이토케미컬(식물 영양소) 등 인체가 필요로 하는 영양소가 균형 있게 들어 있으며, 특히 프로바이오틱스(유익 미생물)를 포함하여 프리바이오틱스(유익 미생물의 먹이), 바이오제닉스(유익 미생물 생산 물질)가 풍부한 음식으로 소화와 정장 작용이 뛰어나다. 발효되면서 비타민 B군이 크게 증가하여 신진대사를 이롭게 하고, 피로 해소, 신경통 및 근육통 완화 등에 매우 효과적이다.

여기서는 환자들이나 소화 기관이 약한 이들에게 도움이 되는 '장을 살리는 물김치(장생 김치)'를 중심에 두고 이야기하려고 한다.

물김치에는 여러 전해질 성분을 비롯하여 원재료가 숙성 발효되는 과정에서 쏟아져 나온 각종 미네랄과 미생물 등 몸을 건강하게 하는 이로운 성분들이 집결되어 있다. 엽록소 및 마그네슘, 비타민 C와 베타카로틴이 풍부하여 세포 재생 능력이 뛰어나고 항암 능력을 향상시켜주며 각종 근육통 등 통증 질환에도 도움이 되어 치유 음식의 가장 기본으로 쓰인다.

김치가 숙성되는 과정에서 미네랄이 우리 인체가 흡수하기 좋은 형

물김치

소화 작용에 도움이 되며, 유익균(김치유산균)이 풍부하고, 장 건강, 변비 예방, 충치 예방, 항암 작용, 전해질 및 비타민 공급에 효과적이다. 천연 유황 성분이 풍부하여 해독 및 항산화 작용을 한다.

태의 유기질 영양소(일꾼)로 바뀌면서 흡수와 효능이 매우 뛰어난 미네랄 용액(링거액)이 만들어지는 셈이다.

김치는 다양한 재료에서 쏟아져 나온 유효 성분들과 생리 활성 물질, 유익 미생물 등이 풍부하고 흡수율 또한 높기에, 평소 건강 유지를 위한 식탁 위의 기본 음식이자 질병 치유를 위한 '명약'이라 할 수 있다.

안젤리나 졸리를 위한
음식 처방

앞서 안젤리나 졸리의 이야기를 했다. 유전적으로 유방암 소인을 가지고 있는 안젤리나 졸리를 위해 치유식을 처방한다면 어떨까? 아래는 항암 작용을 활성화해 암을 예방하고 세포의 기능을 회복해줄 수 있는, 안젤리나 졸리를 위한 음식 처방이다.

안젤리나 졸리를 위한 치유 음식

1. 미생물을 건강하게 하기 위한 과채수프
2. 세포의 기능을 회복시키는 정보 주스
3. 세포를 다시 살리고 전해질 농도를 좋게 만드는 물김치
4. 스트레스 해소와 암 예방 차원에서 제니스테인이 가장 많이 함유되어
   있고 기분을 좋게 만드는 청국장

실제 이런 처방을 통해 유방암이나 기타 다른 암으로 고통받고 있는 환자들의 증상이 호전된 사례를 임상에서 많이 확인해왔다. 질환을 앓고 있는 환자뿐만 아니다. 일반인들도 평소 이런 음식을 통해 질병을 예방하고 건강한 삶을 영위할 수 있다면 그보다 더 행복한 일은 없을 것이다.
건강과 행복한 삶은 평소 습관에서 온다. 무엇보다 매일매일 먹는 음식이 나를 만든다고 생각하고 감사히 먹는 태도를 갖는 것이 중요하다.

항암에 도움이 되는
식물 영양소

우리 몸에서는 매일 적게는 20개에서 많게는 5,000~6,000개에 이르는 암세포가 생겼다 없어지길 반복한다고 한다.

이 중 상처 입은 세포 하나가 10억 개 이상의 암세포로 성장할 때까지는 대개 10년 이상 오랜 시간이 걸린다. 만약 초기 발암 단계에서 암 발생 요인을 막는 음식을 꾸준히 먹는다면 상처 입은 세포가 커다란 암으로 진행되는 것을 막을 수 있을 것이다.

이때 다양한 식물 영양소 성분이 항암 작용을 하여 도움을 줄 수 있다.

식물 영양소는 각각 특별한 재능을 가지고 강력한 항산화 작용을 해서 정상 세포가 활성 산소에 의해 파괴되지 않게 한다. 또한 인체 내에 독소가 흡수되는 것을 막고 해독을 돕는다.

발암 물질이 유전자에 달라붙는 것을 막아 세포 밖으로 쫓아내거나 발암 물질을 파괴하는 효소의 양을 늘려 암세포를 억제하는 작용을 하기도 한다. 다양한 식물 영양소의 항암 작용을 알고 잘 조합하여 섭취함으로써 건강에 많은 도움을 얻을 수 있다.

녹차의 폴리페놀과 토마토의 라이코펜, 활성 산소 제거

녹차에 들어 있는 **폴리페놀**이나 토마토에 있는 **라이코펜** 등에 함유된 식물 영양소는 활성 산소를 제거해 효과적으로 항암 작용을 한다.

마늘의 '**황화알릴**'은 발암 물질로 전환하는 효소를 억제하고, 브로콜리, 양배추 등이 함유하고 있는 '**설포라판**' 등의 식물 영양소는 간에서 발암 물질을 제거하는 효소의 합성을 촉진하는 작용을 한다.

항암 치료 중일 때는 콩의 제니스테인이 효과

암이 진행 단계로 활성화되어 증식을 시작할 때에는 콩에 함유되어 있는 '제니스테인' 등의 **이소플라본류**가 효과적이다. 콩의 주요 이소플라본인 제니스테인은 암세포의 혈관 신생을 억제하여 선택적으로 암 세포를 죽일 뿐만 아니라 전이를 예방하는 효과가 뛰어난 것으로 알려져 있다.

항암 치료 중이거나 방사선 요법을 받을 때 콩과 된장, 청국장, 양배추, 브로콜리 등 플라본류가 많이 들어 있는 음식을 섭취하면 부작용을 줄일 수 있다.

혈관 조직 침해 막는 붉은 포도의 레스베라트롤

암세포가 새로운 혈관을 만들어 주위의 조직을 침해하는 단계에서는 혈관 성장 인자를 억제하는 붉은 포도의 '**레스베라트롤**', 강황, 무, 당근 등에 함유되어 있는 '**글루타민**' 등이 유용하게 사용될 수 있다.

최고의 치유 음식 장생 김치

장생 김치는 유익 미생물을 극대화해서 장을 건강하게 하고, 숙성 과정을 통해 인체가
필요로 하는 각종 미네랄과 영양 성분 등 음식 재료가 가지고 있는 유효 성분이 최대한
흡수되도록 만든 최고의 치유 음식이다.

재료

육수 재료 : 물 5L, 북어 대가리 & 포 100g, 생강 100g, 양배추 500g, 마른 표고버섯 7개,
팽이버섯 2묶음, 양파 2개, 다시마 10x10cm 1장

김치 재료 : 무 700g, 무청 3~5줄기(여름에는 열무로 대체해도 좋음), 당근 1개, 적양배추 500g,
배추 200g, 콜라비 1/2개, 양배추 200g, 사과 150g, 미나리 한 줌

양념 : 마늘, 생강, 현미 풀(현미 150g), 새우젓 1큰술, 오행초 발효액(또는 매실청),
올리고당, 간장, 죽염

만드는 법

❶ 물 5L에 북어, 파래, 양파 등 육수
  재료를 넣고 1시간 정도 충분히 끓여
  유효 성분이 잘 우러나게 한다.

  *육수를 따로 만들면, 그냥 먹었을 때는
   흡수가 잘 안 되는 성분도 흡수가 잘된다.

❷ 영양 성분이 잘 우러날 수 있게
  김치 재료를 잘게 자른다.

❸ 다진 마늘, 생강, 소화를
  돕는 매실액을 넣는다.

❺ 새우젓과 죽염으로 간을
  맞추고 재료에 간이 잘 밸 수
  있게 충분히 버무려 준다.

재료를 버무릴 때 고무장갑을
사용하지 않는다. 치유식을
만들 때에는 손을 깨끗이 씻은
후 잘 숙성되어서 좋은 음식이
만들어지길 바라는 마음으로
정성을 다해 손으로 직접
버무린다.

❹ 장내 미생물 증식에 도움을 주는
  올리고당과 현미를 갈아서 만든
  현미 풀을 넣는다.

  *현미에는 영양과 식이섬유가 풍부하여,
   찹쌀을 사용한 것보다 더 좋은 효과를
   나타낸다.

❻ 미나리와 배춧잎으로
  재료를 덮어준다.

❼ 식힌 육수를 재료들이 충분히 잠길
  정도로 붓고 실온에서 1~2일 숙성시킨
  후 김치냉장고에 넣고 기호에 따라 먹기
  좋을 정도로 숙성시킨 뒤 수시로 먹는다.

  *위의 재료에 포함되지 않은 다양한 채소와
   과일을 활용해도 좋다.

Q. 장생 김치를 가장 효과적으로 섭취하는 방법

연구 자료에 따르면, 먹기 좋을 정도로 숙성이 된 후 15일 정도
되었을 때 미생물의 수치가 최고치에 이르고 그 이후부터는
서서히 줄어든다. 따라서 일반 김장김치와는 다르게 건강 회복을
목적으로 만든 물김치는 15일 전후 정도로 먹을 양만 담가서 먹는
것이 가장 효과적이다.

8장

행복을 위한
음식 치유의 기본

01
설렘이
사라지셨나요?

음식이나 생활 습관이 원인이 되는 몸의 병이 있는가 하면 마음에서 찾아오는 병도 있다. 특히 현대인들은 '마음의 감기'라고 하는 우울증이나 불면증으로 고통받는 이들이 많다. 우리나라 사람만 갖고 있다는 '화병'도 마음의 병이다. 화병이 심하면 몸으로까지 증세가 나타난다. 중년이 넘어서면 갱년기 장애로 '가슴앓이'를 하는 이들도 자주 볼 수 있다.

마음이 원인이 되는 병

40대 후반으로 보이는 한 남자분이 어느 날 약국엘 찾아왔다. 이 세상에 이렇게 힘들고 무기력한 사람이 있을까 싶은 모습이었다. 식욕 감퇴와 우울증, 불면증으로 하루에도 수십 번 자살 충동을 느낀다고 했다.

실제 이분의 상황은 매우 좋지 않았다. 10여 년을 심한 불면증과 삶에 대한 의욕 상실, 자살 충동, 무기력 증상으로 고통을 겪었다고 하였다. 마주 보고 앉아서 이야기를 시작했는데, 10분 동안은 내내 죽고 싶다는 말만 반복했다.

IMF 시절 경제적 파탄으로 가정이 깨지면서 가장으로서 삶의 희망과 목표가 모두 사라진 채 겨우 살아가고 있는, 정말 안타깝고 기구한 운명을 지닌 분이었다. 우리 주변에는 이와 같이 꿈과 희망을 잃어버린 채 하루하루를 살아가는 이들이 많다. 특히 이분의 이야기를 들으면서 가슴이 저미는 듯 함께 아팠다.

이 사례자는 약만으로는 치료가 가능하지 않은 상황이었다. 어떠한 약이나 음식보다도 잃어버린 꿈을 살려내고 삶에 대한 동기를 부여해주는 것이 시급했다. 그것이 지난 10년 동안 극도로 쇠약해진 몸과 마음을 회복시킬 수 있는 방법이라고 생각했다.

우리가 질병에 대해 이야기할 때 편의상 '고혈압', '우울증' 이렇게 이름 붙인다. 그러나 병명이 정해지는 순간 대개는 사회 보편적 기준에 의해 정해진 고정 관념으로 치료 방법에 접근하게 된다. 이름에 매이다 보면 우리 몸 안의 불편한 증상, 그러니까 몸 안에서 무엇이 잘못되어 그런 증상이 일어났는지 알아내기가 매우 어려울 수 있다.

낯선 숲을 지나려 할 때 숲의 정체를 모른 채 나무 몇 그루의 이름만 알고 숲을 무사히 통과하기는 어렵다. 병명에 사로잡히지 말고 병의 원인을 바라보도록 고정 관념을 깨뜨릴 수 있어야 병이 보이고 해결 방법이 보인다.

우울증도 '우울증'이라고 진단을 내리는 순간 진짜 우울증이 되고, 항정신성 약물이 그 사람에게 해줄 수 있는 유일한 치료법이 되어버린다. 그렇다면 우울증에 다른 이름을 붙인다면 어떨까? 예를 들어 '설렘이 사라지는 병'이라고 부르는 것이다. 어떻게 하면 사라진 설렘을 만들어줄수 있을까? 어떻게 하면 꿈과 목표가 다시 생겨나게 해줄 수 있을까?

삶의 목표, 동기를 만들다

약국을 찾아온 이 사례자는 극심한 경제적 파탄이 원인이 되어 아내와 사랑하는 딸(당시 중학교 2학년)과 함께 세상을 포기하기로 결심한 뒤 죽음을 선택하였으나 혼자만 살아남았다.

이미 죗값을 치렀지만 10년 동안 딸과 아내에 대한 사무치는 그리움과 한(恨), 죄책감, 고통 속에서 삶의 목표, 희망의 불꽃이 꺼져가고 있는, 정말 안타까운 상태였다.

한 주먹씩 되는 약으로, 아니 두 주먹의 약을 준다 한들 이 사람을 치료할 수 있을까?

"계속 그렇게 죽고 싶다고만 하시면서 여기는 무엇하러 오셨나요? 저는 사람을 살리고 싶어 하는 사람이지, 죽는 것을 도와주는 사람은 아닙니다. 여러 가지 말씀을 들어보니 정말 저라도 살 수 있을 것 같지 않습니다. 선생님이 선택하시려고 하는 죽음, 누구도 말릴 수 없을 것 같습니다. 그러나 제가 선생님을 위해서 딱 한 가지 알려드리고 싶은 것이 있습니다. 선생님이 지금 그 모습으로 만나러 가시면 따님과 부인은 반가워할까요? 그때도 그러더니 지금까지 그렇게 살다가 왔느냐고 실망하지는 않을까요? 선생님! 지금 이 순간에도 선생님의 가족이 세상을 버릴 때처럼 고통의 시간을 보내고 있는 이웃이 너무나 많습니다. 불우하고 힘든 사람들을 위해서 선생님이 직접 노동해서 만든 수입으로 단 한 가족만이라도 희망의 불을 피워주시고 가족을 만나러 가시면 좋을 것 같습니다. 그리고 하늘나라에서 딸과 부인을 만나시거든, 우리가 헤어질 때처럼 너무 힘들어하는 한 가정을 위해서 일을 하다가 조금 늦게 왔노라 이야기하십시오. 그래야 따님도 부인도 좋아하지 않겠습니까?"

생의 끝자락에서 고민하던 이분에게 삶의 작은 목표, 동기를 만들어주고 나니, 그는 이제 자신이 해야 할 일이 무엇인지를 깨달았다는 듯이 얼굴에 작은 설렘과 결심이 묻어나는 표정으로 자리를 떴다. 몇 년이 흐른 지금 이 사례자 분은 누구보다도 모범적인 삶을 살아가고 있다.

쌀눈과
바나나

심한 우울증에 시달린 이 남성에게도 물론 약이 되는 음식을 처방했다. 주재료는 쌀눈과 바나나였다.

쌀눈은 쌀의 씨눈을 말한다. 쌀눈은 필수 아미노산, 칼슘, 마그네슘, 비타민 B군 등 많은 영양소를 함유하고 있는데, 특히 자율 신경을 안정시켜 여러 감정을 잘 통제하도록 해주는 감마오리자놀과 신경 안정과 불면증 치료에 도움이 되는 가바(GABA)가 많이 들어 있다.

바나나는 칼륨, 마그네슘 등이 풍부하여 혈압을 조절하고, 동맥경화, 근육 경련 완화에 도움이 되는 식품이다. 피로를 해소하고, 두뇌 활동 등을 도와 머리를 맑게 하고 집중력을 높이며 변비, 다이어트에도 효과적이다.

특히 바나나에 들어 있는 트립토판은 우리 몸 안에 기분을 좋게 하는 물질인 세로토닌의 분비를 자극한다. 행복 호르몬이라고 불리는 세로토닌은 생동감을 주고 삶의 의욕을 느끼게 만드는 신경 전달 물질 중 하나다. 세로토닌이 부족할 경우 우울한 감정을 느끼고 자기 조절 능력이 떨어진다.

세로토닌은 저녁이 되면 멜라토닌으로 바뀌어 숙면을 도와준다. 집중력도 좋아지고 잠을 잘 자게끔 유도해주는 작용이 있어 우울증과 함께 불면증 해소에도 도움을 준다. 여기에 콩이 더해지면 효과가 훨씬 커진다. 콩에 들어 있는 이소플라본과 메티오닌, 트립토판 성분이 바나나를 만나면 기분 저하 및 우울증을 완화하고 갱년기 증후군 경감에도 도움을 주기 때문이다.

체질을 논하는 이들은 위에 열이 많고 하체가 허약한 사람은 검정콩이 좋고 위장이 약한 사람은 노란 콩이 좋다고 구분하는데 대체적으로 어떤 콩을 사용해도 무방하다. 다만 약성이 강한 콩은 서리태콩이다. 요즘 슈

가바(GABA)
포유류의 뇌 속에 존재하는 신경 전달 물질 중 하나로 스트레스를 낮추고 신경을 안정시키는 역할을 한다.

감마오리자놀
곡물에 들어 있는 성장 촉진 물질로, 갱년기 장애, 내분비계 및 자율 신경계의 실조를 개선한다.

세로토닌
신경 전달 물질의 하나다. 위장관, 혈소판, 중추신경계에서 볼 수 있다. 행복을 느끼는 데 기여한다고 알려져 있다.

멜라토닌
광주기를 감지하여 인체의 생체 리듬을 조절하는 데 관여한다. 밤에 집중적으로 분비된다.

퍼푸드라고 해서 외국에서 들어온 콩이 유행하기도 했는데, 사실 우리에겐 서리태 같은 우리 농산물이 명품 중의 명품이다.

작은 희망을 **이야기하다**

쌀눈, 바나나, 콩. 여기에 우유를 더한다. 우유에도 세로토닌을 분비하도록 돕는 트립토판이 많아서, 따뜻하게 데워서 마시면 수면에 도움이 된다. 특히 반복해서 마시면 숙면할 수 있고 기분도 훨씬 좋아진다.

우울증과 불면증에 시달리던 이 남성에게 우유에 쌀을 넣어 만드는 타락죽에 콩과 바나나를 보충하여 치유식으로 처방해주었더니 조금씩 삶의 의욕을 찾아가는 듯 보였다. 그러나 사실은 설렘을 가지는 삶을 살 수 있도록, 삶의 희망을 가질 수 있도록 이야기를 나누고 꿈의 방향을 제시해주는 것이 그에게는 음식 처방보다 훨씬 더 중요한 치유 작업이었다.

타락죽
우유에 쌀을 갈아 넣고 끓인 죽. 조선 시대에는 우유 제품을 통틀어 타락이라 불렀다.

02
질병의 마음을 들여다보다

/

증상 뒤에 숨은 근본 원인

보통 스트레스를 받으면서 속이 편치 않을 때 우리는 '장이 꼬인다'고 이야기한다. 하던 일이 잘 안 될 경우에도 '장이 끊어질 듯 아프다', '장이 뒤틀린다'는 식으로 표현한다. 이렇듯 아프기는 배가 아프지만, 근본 원인을 들여다보면 마음에 문제가 있는 경우가 종종 있다.

저는 30대부터 배변에 어려움을 겪고 있습니다. 5~7일 주기로 대변을 보는데 변비가 너무 심해 일상생활이 너무도 불편합니다. 병원에 가면 장이 꼬여 있다는 말뿐, 뾰족한 해결책은 없다고 합니다.

처음에는 대수롭지 않게 여겼는데 점점 위축되고 자신감이 없어져서 걱정입니다. 요즘에는 트림도 자주 나고 정수리 부분 탈모가 심해져서 더 불안해집니다. 어떻게 하면 좋을까요?

약국에 찾아온 이 환자를 보고 처음에는 변비 환자라 생각하고 상담을 시작했다. 그런데 이야기를 나누다 보니 그것만의 문제가 아니었다. 변비는 밖으로 드러난 증상일 뿐이었다. 무슨 스트레스가 많았기에 이렇게 장이 꼬일 정도일까 하는 지점에서 질병의 근본적인 원인을 찾아야 했다.

상담하는 내내 이 환자의 눈동자가 흔들리는 것이 눈에 들어왔다. 떨리는 음성도 전해졌다. 이 사람이 가슴에 갖고 있는 안타까움이 굉장히 크구나 싶었다.

마음이 원만한 상태

우울증과 같이 마음에서 온 질환은 그 사람의 가슴속 내용을 들여다보지 않으면 제대로 진단을 내릴 수 없다. 겉으로 드러난 몸의 질환이라도 원인을 보기 위해서는 보이지 않는 환자의 내면을 추상해내야 올바른 진단과 처방이 가능한 것이다.

이 사례자는 어린 시절 새어머니 슬하에서 성장했다. 많은 식구들이 함께 사용해야 하는 화장실에서 조금만 오래 있어도 '화장실을 혼자 쓰냐'며 소리를 지르고 혼내는 새어머니 때문에 내면에 깊은 상처가 자리 잡고 있었다. 그 후로 화장실만 가면 빨리 나와야 한다는 생각이 먼저 들어 지금까지도 올바로 배변을 할 수 없는 상태가 되었다고 한다.

나는 먼저 종이 한 장을 앞에 놓고 커다란 동그라미를 그렸다. 우리의 육체인 외관의 모습이다. 그리고 그 안에 또 다른 동그라미를 그렸다. 이 원은 내면 세계를 가리킨다. 이 원이 공기가 가득 차서 동그랗게 부풀어 있는 상태를 원만한 상태라고 한다. 대부분은 육체의 성장과 비슷하게 내면도 성장하게 된다. 그러나 의식 세계가 제대로 발달하지 못하여 상처가 있거나 아직 어린 상태라면 어느 한쪽이 찌그러져 있거나 뾰족하게 된다. 이럴 때는 여기에 공기를 불어 넣어주는 일이 필요하다. 바람을 불어 넣어 원이 부풀어 올라 내면이 원만해지게 해야 한다. 이 이야기를 환자와 나누었다.

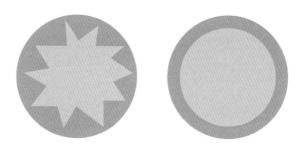

생기를 불어넣다

이 환자에게는 어떤 음식이 좋으냐를 떠나서 먼저 자신감을 회복하고 몸에 생기를 불어넣어 주는 일이 필요했다.

먼저 바깥에 나가 햇빛을 한없이 쬐라고 일러주었다. 일광욕을 하면 자신감이 생기고 근육에 기운이 생기는데 거기서 만들어진 에너지가 바로 생기다. 의학적으로 말하자면 비타민 D가 만들어져 우리 몸에 힘이 생겨나는 것이다.

그다음으로 음식을 이야기했다. 앞서 우울증 환자에게 처방했던 음식 중 바나나처럼 당이 많이 들어 있는 음식은 마음과 머리를 편안하게 만들어준다. 여기에 머리를 맑게 만드는 비타민 C가 풍부한 음식을 더

권했는데, 바로 감자였다. 감자에는 비타민 C와 함께 염증을 억제하는 성분이 많다. 또 칼륨이 많이 들어 있어 집중력을 높여준다.

비타민 C가 풍부한 또 다른 음식으로는 보리 새싹이 있다. 겨울에 싹을 틔우는 보리 새싹은 생명력이 강하다. 남들 다 웅크리고 있을 때 싹을 틔우니 얼마나 강한 생명력을 갖고 있겠는가. 가슴이 답답해서 움츠리고 있는 이에게 그걸 키워줄 수 있는 힘을 여기서 찾았다. 이를 분말로 만들어 먹으라고 처방했다.

마지막으로 매일 큰 소리로 읽으며 마음을 길들이도록 글을 하나 적어주었다. 내 지쳐 있는 세포 하나하나를 어루만져주고, 나도 모르게 고통받고 힘들어했던 일들을 용서하고, 나는 지금 편안하고 행복하다는 내용의 감사의 마음을 담은 기도문이었다. 감사하는 마음은 평안과 안정을 가져다준다. 이런 식으로 적은 기도문을 매일 읽게 했다.

얼마 지나지 않아 이 환자에게서 전화가 왔다. 많이 좋아졌다며 고맙다고 했다. 겉으로 드러난 증상을 치료하기 위해 오랜 시간 약으로 해결하려고 했던 이들이 이렇게 음식의 변화와 마음 다스림으로 질병의 고통에서 벗어나는 것을 종종 본다. 이때 중요한 것은 음식과 함께 '마음의 회복'이다.

보리새싹

강인한 생명력과 엽록소가 풍부한 알칼리성 식품. 비타민 C를 다량 함유(시금치의 3배, 사과의 60배)하고 있다. 강력한 항산화 작용, 항암 작용을 하며, 고혈압, 변비, 피부질환 치료에 효과가 있다.

217

마음에도 길들이기가
중요하다

커피를 마시지 않는 사람에게 어느 날 점심 식사 후 커피를 한 잔 사주었다. 그다음 날도 같은 시간에 커피를 마시게 했고, 그다음 날도 커피를 사주며 15일 정도 매일 커피를 마시게 했다. 16일째 되는 날 어떠했을까? 이 사람은 가만히 있어도 커피 생각이 저절로 났다. 그리고 스스로 커피를 사 먹기 시작했다. 이게 바로 길들이기의 시작이다.

음식이 약이 되도록 먹는 법
우리 몸의 변화가 이루어지려면 길들이기가 반드시 필요하다. 이 변화는 좋은 쪽이든 나쁜 쪽이든 마찬가지다. 질병에 걸린 사람이 회복되려면 치료 과정에서 어떤 지점에서 치고 올라올 반전이 필요한데 이 반전 지점을 만들어내는 작업이 바로 '길들이기'다.
한자로 익힐 습(習) 자가 있다. 한자를 풀어보면 어린 새가 날갯짓을 수백 번 반복해야 날 수 있다는 의미를 담고 있다. 우리 몸에 정보를 입력하는 작업, 내 편임을 알려주는 작업, 습관 들이기……, 이런 것이 선행되었을 때 음식물이 비로소 내 것으로 변화하기 시작하고, 세포도 바뀌기 시작한다.

꾸준히, 그리고 일정한 시간에
우리 몸은 갑자기 달라지지 않는다. 꾸준하게 일정한 시간에 반복해서 먹었을 때 어느 지점에서 유턴을 하면서 비로소 우리 몸의 변화가 시작된다.
그러니까 우리가 먹는 음식이 약이 되게 하려면 꾸준하게, 그리고 일정한 시간에 반복하여 먹는 습관을 들여야 한다.

"정보가 입력되면 변화가 시작된다."

어느 대학에서 재미있는 실험을 했다. 참가자들에게 감량하고 싶은 몸무게를 적게 하고 이를 매일 반복적으로 인식하며 생활하도록 했다. 예를 들어 '나는 3kg을 빼고 싶다', '나는 5kg을 빼고 싶다'라고 적힌 명찰을 단 채 일상생활을 하게 했다. 먹는 습관은 크게 달라진 것이 없었지만 결과는 놀라웠다. 적고 반복한 그대로 변화가 이루어졌다고 한다. 왜일까?

몸에 끊임없이 신호를 보내면 우리 몸은 그에 따라 변화가 일어난다. 이것이 간절한 마음의 힘이고, 일정하게 반복하여 습관이 될 때 치료 효과가 높아지는 이유다.

마음에도 매일 메시지를 보내라

반복하는 것은 음식도, 마음도 마찬가지다. 마음에도 정보를 입력하는 습관이 필요하다.

단번에 결심한다고 되는 일은 없다. 매일 명상하고, 기도하듯이 메시지를 반복해서 나에게 보낸다. 그럴 때 마음의 틀 속에서 몸이 따라 바뀌어갈 수 있게 된다.

숙면을 돕고 우울증을 이겨내는
바나나 타락죽

우유로 만든 죽인 타락죽에 바나나를 더한 음식이다. 원기 회복과 장 기능 회복, 세로토닌
분비를 활성화하여 우울증 등 정신 건강과 불면증 치료에 도움이 되도록 했다. 저녁 식사
로 대신하면 좋다.

재료(2인분)

바나나 3개, 불린 콩 50g, 밥 50g,
우유 3컵, 호두 조금, 죽염

만드는 법

❶ 냄비에 불린 콩, 밥, 바나나, 우유를 넣고 같이 끓인다.

❷ 다 끓인 재료를 믹서에 넣고 호두와 함께 갈아준다.

❸ 소금으로 간하고 다시 한 번 저어가면서 끓인다.

❹ 기호에 따라 꿀을 섞어 먹어도 좋다.

* 우유는 삼국 시대부터 마신 기록이 있으며, 타락죽은 특히 소화가 잘 안 되고 기력이 떨어졌을 때 속을 편하게 하고
  원기를 돋우기 위해서 궁중에서 먹었던 것으로 알려져 있다. 영양이 풍부하고 심장과 위, 폐에 좋으며, 특히 위암
  예방에 효과가 있다.

03
마음을 열어야
세포 문이 열린다

병이 낫지
않는 이유

음식을 통해 병을 치료하는 약사로 알려지면서 수많은 환자들이 찾아왔다. 대부분은 약으로 치료해도 낫지 않아 찾아오는 난치성 질환이나 만성 질환 환자들이었다. 그중에는 정말 힘든 질병으로 고통받는 이들도 많았다.

하루 15시간 이상을 물속에서 지내던 환자가 있었다. 피부에 보습 능력이 없어 2~3시간만 바깥에서 생활해도 피부가 부스러지는 고통을 느껴 잠도 물속에서 잔다고 했다.

아주 자그마한 자극에도 전신에 심한 통증을 느끼는 환자도 있었다. 그는 TV 소리나 작은 경적 소리에도 충격을 받아 힘들어했다. 튜브를 통해 음식을 공급받으면서도 알레르기 때문에 먹을 수 있는 음식이 거의 없던 어린아이, 온몸이 굳는 희소한 증상을 가진 이도 있었다.

심각한 질병으로 고통을 겪었던 이들이 치유 과정에서 대부분 증상이 상당히 경감되고 삶의 희망을 찾아가는 것을 보았다. 수많은 환자들과 같이 울고 웃고 희망을 이야기하며 나 또한 음식을 통한 치유의 힘을 계속 확신하게 되었다.

그러나 한계점에 부딪쳐 치료를 포기하는 경우도 있었다. 이런 분들은 대부분 병의 출발 원인이 마음에 있었고 치료 과정에서도 그 꽉 닫힌 마음이 열리지 않아 치료에 진전을 볼 수 없었다. 병의 치료에 마음가짐이 중요함을 다시 확인하는 계기가 되었다.

마음가짐
회복의 탄력성

생명이 깃든 음식 섭취와 더불어 올바른 마음가짐은 회복의 탄력성을 만들어 인체 스스로 질병을 치유하게 만드는 원동력이 된다.

밀가루를 반죽하여 국화빵 굽는 틀에 부으면 국화빵이 만들어지고, 붕어빵 틀에 넣으면 붕어빵이 나온다. 무슨 빵이 나오는지는 빵을 만드는 틀의 형태에 따라 결정된다. 빵을 만드는 틀은 눈에 보이지만 우리 몸을 만드는 틀은 눈에 보이지 않는다. 바로 우리의 마음이기 때문이다.

마음이라는 틀은 눈에 보이지는 않지만 반드시 모습을 드러낸다. 마음이 불편한 사람은 얼굴에 불편함이 드러난다. 슬픈 사람은 슬픔의 모습으로, 기쁜 사람은 기쁨의 모습으로 그 내면이 얼굴에 나타나는 것이다. 얼굴이라는 말 자체도 우리의 정신(얼)이 담긴 모습(골짜기)이라는 뜻이다.

오랫동안 같은 생각, 같은 방향, 같은 곳을 바라본 부부가 닮아 있는 것도 이런 이유다. 마흔이 넘으면 자기 얼굴에 책임을 져야 한다고 한다. 어릴 때는 생긴 대로 살게 되지만 그 정도의 나이가 되면 내가 살아온 대로 모습이 만들어지기 때문이다.

행복해서 웃는 것이 아니라 웃으면 행복해진다는 말은 실제 맞는 이야기다. 웃으면 인상이 좋아지고 운명이 바뀐다. 사촌이 땅을 사면 배가 아프고, 일이 잘 안 되면 장이 꼬인다고 한다. '단장의 고통'이라는 것은 감당하기 어려운 고통이 있을 때 하는 말이다. 이러한 것도 마음을 고쳐먹고 편안하게 하면 결국 좋아지고 건강이 찾아온다.

마음의 응어리에서 오는 병

찌는 듯한 한여름의 무더위도, 살이 떨어져나갈 것 같은 한겨울의 추위도 때가 되면 어김없이 사라지지만, 살면서 찾아오는 삶의 겨울은 쉽게 뜻대로 물러가지 않는 듯하다.

필자에게도 혹독한 겨울이 있었다. 사람 믿기를 좋아하던 평소 성격으로 거절하지 못하고 빌려준 어음과 보증이 문제가 되었다. 감당하기 힘든 경제적인 손실은 물론 가치관, 명예, 자존심, 가족 간의 신뢰 등 그동안 살아오면서 쌓아온 것들 대부분이 일순간에 무너져 내렸고, 삶을 마감하고 싶은 충동을 여러 차례 느낄 정도로 힘든 시간을 보냈다.

책 한 장을 볼 수 없을 정도로 무기력하고 불면증과 악몽에 시달리며 마음의 고통이 몸으로 전달되어 결국 병이 났다. 혈압이 올라가고 두통이 생기고 가슴이 답답하여 식사를 제대로 할 수가 없었으며, 정신과 몸 건강이 극도로 나빠져 삶 자체가 황폐해졌다.

과도한 걱정과 심한 스트레스가 누적되면 우리 몸의 자율 신경계가 균형을 잃게 되면서 교감 신경이 지나치게 긴장하여 아드레날린이라는 호르몬이 분비된다. 이때 혈관이 수축하고 혈액 흐름에 이상이 생기게 되면 혈액 순환 장애와 활성 산소의 증가가 일어난다. 이로 인해 저체온 상태가 되면 질병이 생기는 것이다.

오랫동안 건강 상담을 해오면서, 난치성 질환으로 고생하는 환자들이 병이 생기고 증상이 호전되지 않는 밑바탕에는 이러한 마음의 화가 작용하고 있음을 보았다. 평소 가깝게 지내온 부모와 자녀, 부부, 형제 또는 친구, 이웃, 사업 파트너와의 사이에서 만들어진 상처와 갈등, 분노, 원한, 슬픔이 원인이 되는 경우가 많다.

특히나 우리나라 사람들은 크고 작은 마음의 응어리를 많이 가지고 산다. 마음 가득한 미움이나 원망, 적개심, 한 등을 줄이고 없애지 않는 한 근본적인 건강 회복은 기대하기가 어렵다.

용서, 회복을 위한 가장 큰 전환

난치성 질환의 대부분은 마음을 다스리는 것에서 치유가 시작된다. 용서의 마음은 우리 신체의 오장육부를 정상적으로 작동시키는 힘을 가지고 있으며, 과거의 찌꺼기를 토해내고 오늘을 사랑하는 가장 좋은 방법이다.

용서는 화해와는 구분된다. 화해는 상대방과의 갈등을 해소하고 관계 개선을 위하여 함께해야 하는 일이지만, 용서는 상대방의 의지와 관계없이 자신의 의지와 선택으로 할 수 있는 일이다. 상대방에 대한 적개심을 극복하고 동정심이나 자비, 사랑의 개념으로 바꾸는 노력이다.

사실 용서의 길은 멀고 고통스럽다. 그렇지만 잘못을 저지른 상대방이 용서받을 자격을 가지고 있든 없든 우리는 끊임없이 용서를 배우고 실천하기 위해 노력해야 한다. 용서는 상대를 위한 것처럼 보이지만 결국은 자신을 위한 것이기 때문이다.

용서하는 순간 슬픔과 원한, 미움 등의 굴레에서 벗어나 우리 신체가 긍정적인 호르몬과 내분비 물질을 만들어 생리적 변화를 일으킨다. 그리고 행복한 삶, 마음의 평화가 찾아와 몸과 마음이 건강해지기 시작한다. 그래서 난치성 환자들을 상담하면서 항상 잊지 않고 강조하는 말이 있다.

"용서하실 분이 있으시면 용서하세요."

어느 호스피스 병동에서 환자들을 만나면서 이 이야기를 건넸더니 여러 환자 중에서도 고개를 끄덕이며 수긍하는 이가 있는 반면 "죽어도 용서 못 한다"며 고개를 내젓는 이들도 있었다. 그렇게 가슴의 한을 가지고 가는 이들이 있다. 그러나 분명한 것은 용서의 마음이 없으면 어떤 것도 내 몸을 건강하게 할 수 없다는 사실이다.

마음을 열어야 세포도 문을 연다

용서하는 마음과 더불어 이야기하는 것이 있다. 환자들에게 아침에 일어나면 세면을 마치고 가벼운 화장을 하시라고 권한다. 그래야 본능적으로 우리 몸이 살아 있음을 느끼게 된다. 그런 다음 눈을 살며시 감고 내 몸이 살아나고 있다고 생각하는 묵상을 한다.

"우주 공간에 존재하는 많은 생명 에너지가 내 몸속으로 가득 들어온다."

"나를 힘들게 하고 억압하여 병들게 한 모든 것들이 이 순간 모두 사라지고 나는 지금 무척 여유롭고 행복하고 건강하다."

"내 몸과 마음이 매일 새롭게 태어나고 있다."

음식을 먹을 때도 음식을 가만히 쳐다보고 "이 음식을 먹으면 우리 몸이 얼마나 좋아할까" 하고 생각한 후에 식사하게 한다. 식사를 하고 나서는 내 몸 세포 하나하나가 좋아하는 모습을 머릿속에 떠올려본다. 내가 마음을 열어야 우리 몸의 세포도 문을 연다. 육체의 암 덩어리도 마음의 응어리가 풀려야 없어지기 시작한다.

마음, 나를 지키는 51%

용서와 감사하는 마음, 긍정의 마음과 강한 삶의 의지력은 치유의 문을 열 수 있는 힘을 가지고 있다. 우리 몸을 이루고 있는 수많은 세포들이 마음의 틀 속에서 건강한 세포로 만들어지기 때문이다. 실제 과학적으로도 참선, 명상, 기도 등을 하면 우리 인체 내에 있는 '질병 조절 인지 세포'나 뇌하수체에 있는 '생체 정보 시계 세포' 등이 활발하게 작용하여 질병 회복을 빠르게 하는 것으로 밝혀졌다.

우리가 여태까지 음식으로 병을 치유하는 이야기를 해왔지만 어쩌면 그보다 더 중요한 것은 마음일지도 모른다. 마음이 결국 우리 몸을 지켜내고 마음이 우리 몸의 면역을 담당하는 것이다. 음식을 잘 먹어야 하는 부분이 49%라면, 마음을 어떻게 가져가느냐 하는 것이 나를 지키는 51%라 할 수 있다.

슬픔과 원한, 미움 같은 응어리가 풀려야 육체의 병도 치유되기 시작한다. 믿음, 신뢰, 사랑이 만들어내는 생명 활동의 힘을 믿어야 한다. 아래의 글을 매일 읽으며 내 마음의 문을 두드려보자. 부드러움과 긍정의 말, 감사하는 마음이 내 몸을 바꾸는 결정적인 1%가 될 수 있다.

면역이란? 용서하는 마음이 면역입니다.

고운 말 하고 화 안 내는 것이 면역입니다.

부정이 아니고 긍정의 마음이 면역입니다.

암세포를 반드시 이길 것이라고 바라기보다,

정상 세포가 매일매일 새롭게 태어나고 있다고

믿고 기도하는 생각이 면역입니다.

건강과 행복을 전해주는
단호박 행복 수프

모든 이들에게 행복과 건강을 전달해줄 행복 주스. 주재료가 끓이면 단맛이 나는 채소들로 구성되어 있다. 위장을 비롯하여 소화 기관을 행복하게 해주고, 마음을 편안하게 해주는 행복 음식이다.

재료

단호박, 당근, 양배추, 양파 합쳐서 300g,
유익균, 죽염, 천연 원당, 다시마 우린 물 500ml

만드는 법

❶ 준비한 채소를 깨끗이 씻는다.
❷ 단호박은 씨를 제거하고 거친 겉껍질만 제거한다.

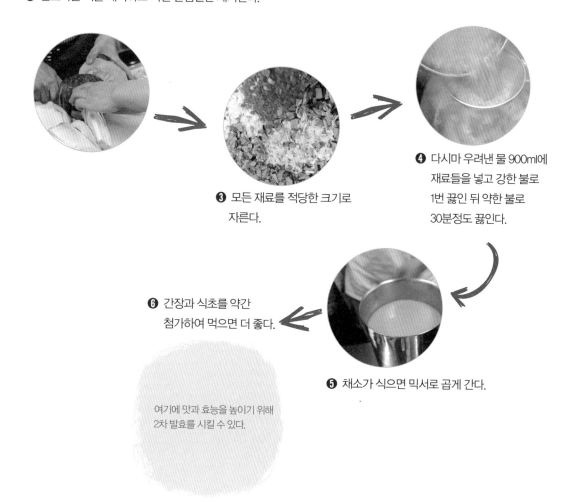

❸ 모든 재료를 적당한 크기로
자른다.

❹ 다시마 우려낸 물 900ml에
재료들을 넣고 강한 불로
1번 끓인 뒤 약한 불로
30분정도 끓인다.

❻ 간장과 식초를 약간
첨가하여 먹으면 더 좋다.

❺ 채소가 식으면 믹서로 곱게 간다.

여기에 맛과 효능을 높이기 위해
2차 발효를 시킬 수 있다.

9장

음식으로
난치병을 고치다

-임상 치유 사례

01

항암 치료 중 생긴
합병증도 낫게 한
음식 처방

임파선암(비호지킨 림프종) (72세, 남성)

72세의 이 남성은 어느 날 특별한 이유 없이 체중이 감소하고 열이 나면서 지속적인 피로감을 느껴 대학 병원에 가서 검사를 하게 되었다. 그 결과 비호지킨 림프종 4기 진단을 받았다. 곧바로 치료에 들어갔고 8차례에 걸친 방사선 치료와 4차례의 항암 요법을 받았다. 그 과정에서 폐렴 합병증이 일어났다. 항암 치료를 중단하고 항생제와 항바이러스제를 투약하면서 합병증 증세를 치료하기 위해 노력했지만 증세는 악화되었다. 자가 호흡이 불가능할 정도로 체력이 극도로 저하되었고 하루에도 몇 차례씩 저혈당과 고혈당을 오가는 위독한 상태가 계속되었다.

내가 만난 당시 그는 더 이상 적절한 치료 방법을 찾기가 어려운 상태에서 스테로이드와 혈압 약, 인슐린에 의존하다가 집에서 가까운 의료원에 재입원해 치료를 받고 있는 상태였다.

병원 입원 중인 그에게 우선 바지락과 마늘을 넣어 끓인 국물에 생된장을 섞어 된장차처럼 만들어 수시로 마시게 했다. 여기에 단위 수가 높은 프로바이오틱스 제품과 실크 단백질을 혼합하여 복용하게 했다. 점차 체력이 회복되는 것이 눈에 띄었고 폐렴 증상도 호전되기 시작했다. 병원에서 퇴원한 그에게 항생제와 진통 소염제 등 대부분의 약 복용을 중단하도록 하고 본격적인 식이요법을 실시했다.

먼저 체력을 회복시키는 것이 관건이었다. 이를 위해 바지락에 마늘을 넣어 끓인 바지락 마늘탕에 소화와 흡수가 편하면서도 단백질 함량이 높은 낙지를 넣어 연포탕처럼 끓여 먹도록 했다. 국물 맛이 시원해져서 식욕을 증진하는 효과도 있었다. 여기에 부추를 넣고 살짝 끓인 국물에 생된장을 섞어 수시로 먹게 하여 체력을 올리는 데 힘썼다.

식사는 죽 대신 콩과 현미, 흰 멥쌀에 바나나와 사과를 넣어 만든 바사콩밥을 조금 질게 지어 먹게 했다. 죽이 아니라 진밥을 꼭꼭 씹어 먹으면 침과 섞여 소화 흡수가 잘되고, 항암 치료와 방사선 치료로 기운을 잃은 정상 세포의 회복에 도움을 줄 수 있다.

북어 된장찜, 무를 넣은 북엇국, 바지락에 순두부와 브로콜리 등을 넣어 끓인 국으로 단백질을 공급하면서 항암력을 높였다.

두 번째로는 몸에 쌓여 있는 독소를 해독하고 장을 건강하게 만들어야 했다. 이를 위해 프락토올리고당과 식이섬유가 많이 함유된 사과, 바나나 같은 과일, 유황 화합물이 들어 있는 양배추, 장 점막 강화 작용과 해독 작용이

뛰어난 단호박 등을 함께 넣고 끓여서 수프로 만들어 먹게 했다. 주로 저녁에 먹게 했는데, 이는 장내 유익 미생물의 증식뿐만 아니라 숙면에도 도움을 준다.

세 번째로는 건강한 세포 환경을 만들고 면역력을 높이기 위한 처방이 필요했다. 정상 세포의 주요 기능을 담당하는 복합당과 콜라겐 등의 유효 성분이 많이 들어 있는 무, 당근, 우엉, 버섯 등을 넣고, 여기에 과일과 해조류 등을 넣어 수프를 만들어 주로 아침 식사 전에 먹게 했다.

네 번째로 장내 건강한 유익 미생물들이 잘 살 수 있는 환경을 지속적으로 만들어주는 것이 중요했다. 채소와 과일에 들어 있는 영양소와 유효 성분을 그대로 흡수할 수 있고, 유익 미생물과 미생물이 만들어내는 유익 물질(바이오제닉스)을 충분히 섭취할 수 있도록 채소와 과일로 물김치를 담가 먹게 했다. 여기에 더해 보리 새싹 등 생리 활성 물질과 엽록소가 많이 들어 있는 재료들을 효소로 만들어 수시로 먹게 함으로써 세포의 회복 능력과 항암력을 높였다.

이처럼 몇 가지의 기준을 세우고 음식 치유를 시작한 지 10여 일 만에 호흡이 좋아지면서

환자가 체력을 회복하는 것이 보였다. 혼자서 일어나고 조금씩 걷기 시작했다. 또 하루에도 몇 차례씩 반복되던 저혈당과 고혈당이 모두 사라졌고 혈압도 안정되었다.

요법을 꾸준히 계속한 결과 9개월이 지나면서 체력과 건강 상태, 식사 등 모든 면에서 증상이 뚜렷하게 개선된 것이 보였다. 그러나 오랜 암 투병과 병상 생활, 퇴행성 무릎 관절과 고관절 통증으로 인해 걷는 활동의 불편함이 계속되었다. 이때 생감자즙 요법을 실시하기로 했다. 생감자를 강판에 갈아 즙으로 만든 다음 콩국물에 섞어서 하루에 2번씩 꾸준히 먹게

한 것이다. 한 달 정도 지나자 혈액 순환이 좋아지면서 혈압이 안정되어 약을 중단했다. 관절과 근육에도 힘이 생겨 혼자서 산책이 가능할 정도로 회복되었다.

이분은 아침, 저녁으로 산에 다닐 정도로 건강해진 상태다. 현재도 꾸준히 식이요법을 하면서 건강한 생활을 유지하고 있다.

지친 정상 세포를 도와
암을 극복하다

난소암 (65세, 여성)

65세의 이 환자는 하복부와 오른쪽 옆구리에 수시로 찾아오는 통증 때문에 병원을 찾았다가 난소암을 발견한 경우다. 난소에 생긴 암이 이미 직장과 비장 일부에 전이된 상태로 말기 암 진단을 받았다. 결국 수술로 직장 일부와 난소, 자궁, 비장을 제거해야 했고, 내가 만났을 때는 수술 후 항암 치료와 방사선 치료를 받고 있었다.

계속되는 항암 치료로 머리카락이 빠지고 숨이 차서 몇 걸음 걷지도 못할 정도로 체력이 떨어져 있었다. 설상가상 어지러운 빈혈 증상까지 더해졌다.

암 환자가 회복되기 위해서는 혹시 남아 있을지 모르는 병든 세포를 완벽하게 제거하는 치료도 중요하다. 하지만 그 이상으로 중요한 것이 정상 세포를 건강하게 만들어 스스로의 치유 능력을 회복시키는 일이다. 이것이 질병에서 완전하게 벗어날 수 있는 길이다.

이를 위해서는 첫째, 몸속 유익 미생물들이 충분히 회복되어야 한다. 둘째, 면역 기능을 정상화하기 위해서 소장 기능이 원활하고 장 점막이 건강해져야 한다. 셋째, 인체 내 각종 대사에 필요한 비타민과 효소를 비롯하여 미네랄이 충분히 섭취되어야 한다. 넷째, 세포의 정상적인 기능 회복을 위해 엽록소와 복합당을 비롯하여 생리 활성 물질이 많이 들어 있는 채소와 과일을 섭취해야 한다. 다섯째, 마음가짐을 올바르게 해야 한다. 그래야 질병 회복에 탄력성이 생긴다.

큰 수술 후 항암 치료로 지칠 대로 지쳐 있던 이 여성을 만나 위와 같은 몇 가지 조건들에 대해 이야기했다. 특히 마음가짐의 중요성에 대해 설명하며 이러한 공감을 바탕으로 치유를 위한 설계를 진행했다.

먼저 아침에 일어나면 채소와 해조류로 만든 정보 주스를 마시게 했다. 정보 주스는 세포가 정상적인 기능을 회복할 수 있도록 도와주는 역할을 한다. 또한 조혈 작용에 도움이 되는 음식으로 해조류 중에서도 파래와 김, 갯벌에서 나오는 바지락, 채소 중에서 브로콜리, 무청 등을 재료로 만든 음식을 자주 먹게 했다.

점심은 비교적 자유롭게 원하는 식사를 하게 했다. 투병 생활에서 받는 스트레스와 긴장감을 해소하고, 정신적으로 안정감을 찾을 수 있도록 한 배려였다.

저녁은 여러 종류의 과일을 삶아 과채수프를 만들어 먹게 했다. 유황 화합물이 많이 들어 있는 양배추와 라이코펜 같은 항산화 성분이 많은 토마토, 여기에 호두, 아몬드, 잣 등 견과류를 섞어 끓여 만든 수프와 주스를 주로 먹도록 해 몸에 쌓인 독소를 배출하고 소장이 건강해지고 유익 미생물이 활성화되게 했다.

계속되는 항암 치료로 지친 정상 세포를 보호하기 위해서 사과와 당근, 양배추(또는 브로콜리)로 만든 주스에 레몬즙이나 식초를 첨가하여 1일 2회 이상 마시게 했다. 또한 물김치와 보리 새싹, 민들레, 케일, 무청 등 생리 활성 물질과 엽록소가 많이 들어 있는 재료들을 효소로 만들어 수시로 먹게 함으로써 세포 회복 능력과 항암력을 높였다.

특히 여성 암에 효과가 있는 고구마 껍질, 브로콜리(5분 정도 찜), 당근(식물성 기름에 살짝 볶음), 마늘(잘라서 굽거나 찜), 미나리(소금물에 데침) 등의 재료를 날김에 싸서 수시로 먹게 했다.

암 치료 과정에서 급격히 약해진 체력 때문에 치료를 중단할 위기를 겪었던 그는 꾸준히 음식 치유를 계속하면서 체력이 회복되어 무사히 항암 치료를 끝냈다. 지금까지 정기 검사에서 정상 상태를 유지해오고 있다. 그리고 암으로 고통받고 투병 중인 많은 환우들에게 음식 치유를 알려주는 전도사로 활약하고 있다.

03
튜브로 먹던 아이가
스스로 밥을 먹기까지

음식 알레르기 (4세, 어린이)

코에 낀 튜브로 특수하게 만들어진 영양죽만을 섭취하고 있던 36개월 된 아이가 아빠 품에 안겨 약국을 찾았다. 아이는 출생 직후 심장 판막에 이상이 발견되어 대학 병원에서 큰 수술을 받았다고 했다. 수술 후 우유를 먹을 때나 젖을 빨 때 오는 심장의 부담을 줄이기 위해서 튜브로 영양을 공급하기 시작한 것이 지금까지 이어진 것이었다.

아이는 음식에 알레르기 반응을 보였다. 이상하다 싶을 정도로 너무 많은 종류의 음식에 반응을 보였는데, 심지어 우리 주식인 쌀마저도 1단계 정도의 알레르기 반응이 나타나 마음

놓고 먹을 수 있는 음식이 거의 없는 상태였다.

무의식적으로 집어 먹은 음식에 알레르기 반응이 일어나면서 아이는 입으로 먹는 것 자체도 거부하고 있었다. 어쩔 수 없이 병원에서 특수하게 조제한 영양식을 코에 낀 튜브를 통해 섭취하고 있었다.

음식과 영양을 제대로 섭취하지 못하다 보니 영양 불균형과 성장 발육 저하로 아이는 12개월 정도의 왜소한 체구를 보였다. 제대로 걷지 못했고 언어 장애까지 가지고 있어, 자식을 가진 부모라면 누구라도 안타까워할 상황이었다.

유아기에 항생제 등 약물을 과다하게 사용

할 경우 장내 미생물과 장 점막이 손상되면서 소위 새는 장 증후군(LGS 증후군)이 생길 수 있다. 이는 우리 몸에 이상 증상을 만들어내 면역 체계를 무너뜨리고 각종 알레르기가 발생하는 원인이 된다. 아이가 태어나자마자 어쩔 수 없이 받은 큰 수술이 장 건강과 면역 체계에 영향을 준 것으로 보였다.

우선 장을 건강하게 만들고 과민해진 면역 체계를 정상적으로 회복시켜야 했다. 1차로 미강을 발효시켜 만든 미강액을 조금씩 나누어 하루 30~50㎖씩 먹이면서 알레르기 반응 상태를 확인해보기로 했다.

1주일 정도 지나자 특별한 알레르기 증상이 일어나지 않았고, 대변 상태와 소화 상태가 호전되는 것이 보였다. 부모는 아이가 특이하게 불편 증상을 보이지 않고 잘 지낸다며 기대감을 가지고 적극적인 치유를 원했다.

이후 미강액 공급량을 1일 100ml 이상으로 늘리고 가루로 된 프로바이틱스(Probiotics)를 첨가하여 적극적으로 장 기능이 개선되도록 했다. 조제된 영양식을 코를 통해 공급할 때도 소화를 잘 시키지 못해 조금만 움직여도 토하곤 했는데, 일단 그 증상이 사라졌다. 그리고 대변을 황금색 정상 변으로 쉽게 보면서 편한

반응을 보여 장 건강이 많이 좋아진 것을 확인할 수 있었다.

3주 차부터는 사과, 바나나, 양배추, 단호박 등을 삶아서 믹서로 갈고 고운 체로 한 번 더 걸러 부드럽게 만들고 난 뒤 장 건강에 좋은 현미 조청을 섞어 주었다. 과일을 삶았을 때 만들어지는 프락토올리고당과 조청을 통해 장내 미생물이 더 회복될 수 있게 한 것이다.

4주 차가 되면서 아이는 잘 놀고 기운도 좋아진 것이 눈에 띄게 보였다. 장 기능이 많이 회복되었다고 판단되어 수프 재료에서 장 점막 강화에 도움이 되는 단호박의 양을 더 늘리고 당근과 그동안 먹이지 못했던 쌀을 조금 첨가했다. 다행히 특이한 알레르기 증상이 나타나지 않았고, 아이는 점점 더 좋아져 다리에 힘이 생기고 혼자서도 일어나 걸어보려고 할 정도로 체력이 좋아졌다.

5주 차에는 쌀의 양을 늘리고 단백질 공급을 위해 비교적 소화가 잘되고 부드러운 연어를 추가했는데 다행히 알레르기 증상이 일어나지 않았다. 점차 참치와 낙지를 비롯해 닭 가슴살 등을 섞어 수프를 만들어주었고 이에 대해서도 알레르기 증상이 나타나지 않아 건강 상태가 거의 회복된 것으로 판단했다. 이후 몇

주 동안 체력 증강을 위하여 같은 방식으로 양을 점차 늘려갔다.

3개월이 지나면서부터 아이는 혼자서 조금씩 걸을 수 있을 정도로 체력이 좋아졌다. 사물 인지와 판단 능력도 뚜렷하게 호전되었다. 평소 알레르기 증상을 보이던 과자류를 입에 넣어줘도 반응이 일어나지 않는 것을 확인했다. 이제 코에 낀 튜브를 빼도 입으로 정상적인 식사가 어느 정도 가능하리라 보였다.

하지만 오랫동안 입으로 먹는 습관을 잃어버린 탓에 아이는 입으로 먹는 것을 강하게 거부하고 있었다. 더구나 음식을 입에 넣고 씹을 때 사용하는 저작 근육이 퇴화되어 있어 1개월 정도 입으로 먹는 훈련과 저작근 마사지 등이 필요했다.

치유를 시작한 지 4개월 만에 아이는 드디어 코의 튜브를 빼고 입으로 음식을 먹게 되었다. 일부 유가공 제품을 제외하고 대부분의 음식을 알레르기 증상 없이 정상적으로 먹을 수 있었다. 튜브 삽입으로 불편했던 언어 장애도 재활 교육을 통해 하루하루 몰라보게 좋아졌고 지금도 건강하게 성장하고 있다.

04

행복 호르몬은
장에서 만들어진다

우울증, 불면증 (38세, 여성)

38세인 이 환자는 심한 우울증과 불면증으로 정상적인 생활이 불가능한 상태였다. 수시로 나타나는 자살 충동으로 인해 돌발 행동을 벌여 가족들마저도 어쩔 줄 몰라 하는 중증 환자였다. 97년 대학 생활 당시부터 환청과 환시 증상이 나타나 대학 생활을 제대로 못하고 지금까지 약물 치료와 정신 상담을 계속하고 있다고 했다. 무기력증과 강박증에 시달렸고, 오랜 약물 복용으로 인해 소변을 자주 보고 심한 변비를 겪고 있었다.

'우울증'이란 병명 자체가 우리의 정신과 육체를 황폐화하는 느낌이 있다. 그렇기에 우울증 치료의 첫 단계로 '우울증'이라는 단어보다는 '설렘이나 꿈이 사라진 상태'에 초점을 두었다. 그리고 지금 상태와 달리 설레는 일이나 꿈을 가지려고 노력하는 쪽으로 이야기를 나누었다.

둘째는 가슴 펴기 스트레칭을 하면서 심호흡을 하고 심장을 편하게 만들어주면서 목 주위와 귀 뒷부분의 경동맥, 안면 부위를 자주 마사지함으로써 혈액 순환을 좋게 하여 머리를 맑게 했다.

셋째, 냉온 반신욕이나 족욕 등으로 하복부와 다리를 따뜻하게 하고, 자전거 타기 등으로 하체의 혈액 순환을 촉진함으로써, 상열하냉의 몸에 보일러가 돌아가듯이 순환이 잘되도록 도와주었다.

우울증과 불면증을 치료하기 위해서는 다음과 같은 관점이 필요하다.

인체에서 분비되는 행복 호르몬인 '세로토닌'의 95%가 장에서 만들어진다. 세로토닌은 밤이 되면 '멜라토닌'으로 전환되어 숙면을 도와주므로 장을 건강하게 만들어주어야 우울증과 불면증이 함께 해소된다.

세로토닌은 기분과 식욕, 통증, 수면 등 감정을 조절하는 호르몬이다. 세로토닌 양이 줄어들면 자연스럽게 폭식 또는 과식을 하게 되고 기분이 좋아지는 것이 아니라 오히려 가라앉고 움직이기가 싫어지면서 체중만 늘어나게 된다. 세로토닌이 결핍되면 남자는 충동성, 여자는 우울증이 증가할 수 있다고 한다.

먼저 식사를 적게 하는 습관을 들여 장을 편하게 하는 것이 필요하다. 음식은 트립토판 등 세로토닌을 만드는 재료가 풍부하고 에너지 활성도가 높은 바나나, 콩으로 만든 음식, 현미 등을 먹는 것이 좋다. 또한 저녁에 포도당이 많이 들어 있는 과채수프에 조청을 혼합한 수프를 먹고, 화식보다는 생식으로 식물성 단백질

을 공급하여 두뇌에 충분한 영양을 주어 머리를 건강하게 만들도록 한다.

이 환자의 경우 사과, 바나나, 양배추, 단호박, 토마토, 콩, 파래를 넣어 과채수프를 만들어 먹게 했는데, 세로토닌 분비에 효과가 있는 바나나와 신장 기능 회복에 효과가 높은 토마토를 다른 재료에 비해 3배 이상 늘렸다. 특히 심장을 편하게 하는 안심 작용을 하는 '수수 조청'을 혼합해 아침, 저녁으로 먹게 하고, 현미 등 여러 가지 잡곡으로 만든 생식을 '파래바지락된장국' 등과 함께 저녁에 한 끼 먹도록 했다.

여기에 세로토닌 전구 물질이 많이 들어 있는 케일과 신경 안정 작용을 하는 민들레, 자율신경 조절 작용이 있는 미강 등을 발효시켜 만든 효소를 매 식후에 복용하게 하여 증상 완화를 도와주었다.

이와 같은 방법으로 음식 치료를 시작한 지 2개월 정도 지나면서 컨디션이 회복되고 수면 상태가 좋아졌다. 그동안 10종류가 넘게 복용해오던 신경 안정제를 조금씩 줄이기 시작하여 5개월이 지난 현재 복용하는 약은 2종류로 줄었고, 최고의 상태로 건강한 생활을 하고 있다.

우울증은 설렘과 꿈을 잃어버린 상태에서 마음이 정리되지 않아 나타나는 증상으로 마음가짐과 관련이 크다. 먼저 용서하는 마음을 가지고, 사랑하는 사람과 손잡고 산책을 하고 가족을 위하여 시장을 가고 음식을 만들고 맛있게 먹는 모습을 머릿속에 떠올리다 보면 세로토닌이 분비되면서 어느새 설렘과 흐뭇함이 찾아오고 우울증은 사라질 것이다.

05

자가 면역 질환엔 장 건강부터 챙겨라

다발성 경화증 (55세, 여성)

55세 여성인 이 환자는 2년 전부터 '다발성 경화증(Multiple Sclerosis)'으로 팔과 피부, 폐 일부분이 나무처럼 딱딱해지고 떨리는 증상을 보이고 있었다. 침이 나오질 않아 입이 바싹 마르고 식욕이 없을 뿐만 아니라 음식 맛을 제대로 느끼지 못했다. 잇몸이 굳어오면서 새끼손가락 한 마디만 한 것이 돌출되어 음식을 먹는 것뿐 아니라 말하기조차 힘들어했다. 소화도 잘 안 된다고 호소했고, 삶의 의욕을 상실한 채 심한 우울증을 가지고 투병 생활을 하고 있었다.

전기선의 외피가 벗겨지면 합선이 일어나고

전기 공급이 올바로 되지 않는 것처럼 다발성 경화증은 신경섬유를 싸고 있는 지방인 미엘린(myelin)이라는 절연 물질이 망가지면서 해당 부위에 신경 전달이 잘 안 되어 장애가 나타나는 질환이다. 원인은 아직 밝혀지지 않았지만 몸 안의 면역 체계가 정상적인 세포를 공격하면서 일어나는 자가 면역 질환으로 보고 있다.

현대 의학에서 치료보다는 스테로이드나 면역 억제제를 사용하여 면역 세포의 공격을 줄이고, 혈관 확장제, 엽산 등을 사용하여 증상을 완화하는 방법을 주로 사용한다.

자가 면역 질환의 대부분은 소장 기능과 대

장의 상태가 매우 중요하다. 대장을 깨끗하게 해서 칸디다균을 없애고, 육류와 유제품, 밀가루 음식, 흰 설탕, 트랜스지방을 피하고, 미네랄(특히 마그네슘)과 섬유질이 풍부한 과일, 야채, 통곡물을 많이 먹는 것이 도움이 된다.

신경섬유를 싸고 있는 지질이 산화하여 신경 껍질이 망가지게 되므로, 셀레늄, 비타민 C, 비타민 E 등 항산화 물질과 식물 영양소가 들어 있는 음식이 필요하다. 다발성 경화증 환자는 대부분 강력한 항산화 물질인 '글루타티온'이 부족한 것으로 알려져 있다. 유황 성분을 포함하고 있는 식재료인 양파, 마늘, 무, 양배추

등은 인체 내에서 글루타티온과 동일한 효과를 만들어낸다.

감마리놀렌산, 리놀레산 등 식물성 오메가-6 지방산의 농도가 정상인에 비해 현저하게 낮은 경향을 보이므로 달맞이꽃 종자유나 엑스트라 버진 올리브 오일을 복용하면 도움이 된다. 또 오메가-3 지방산이 결핍되면 미엘린 손상이 심해지므로 등푸른 생선을 꾸준히 먹는 것도 좋다.

다발성 경화증을 가진 사람은 정상인에 비해 칼슘 농도가 낮으므로 칼슘과 마그네슘, 비타민 D의 섭취가 중요하다. 또 미엘린 합성 및

강화와 관련이 있는 비타민 B12가 필요하다.

이상이 다발성 경화증을 가진 환자를 치유하기 위한 기준이 된다.

먼저 소장과 대장 기능을 정상화하기 위하여 사과, 바나나, 양배추, 브로콜리, 토마토, 파래 등의 재료를 30분 이상 끓여서 수프로 만들어 발효 간장과 식초를 섞어서 아침, 저녁으로 먹게 했다. 또 항산화 효과를 얻고 세포막을 강화하기 위해 물김치와 사과, 당근, 양배추 주스를 만들어 수시로 먹게 했다.

기본적으로 등푸른 생선과 해조류(미네랄, 칼슘과 마그네슘)를 꾸준히 섭취하게 하면서, 소화 기능과 각종 영양소 흡수를 돕고, 칸디다 등 유해균을 없애고 비피더스균 등 유익균의 증식을 돕는 식초를 매 식사 도중 챙겨 먹게 했다.

처음 7일 정도는 배에 가스가 차고 소화에 불편함을 호소하여 일반 소화제를 복용하게 했다. 20여 일이 지나자 환자는 잇몸에 힘이 생기는 듯하고 입안이 윤택해지는 느낌이 들고 피로감이 줄어든다며 좋아했다. 미각이 살아나 누룽지까지 먹을 정도가 되자 희망이 보이기 시작했다.

1개월 정도가 지나고 입안이 간혹 아리고 건조한 느낌이 들며 숙면을 취하지 못하는 증상은 여전하고 피로하다고 하여 식초 요법을 강화하기로 했다. 또 바지락으로 탕을 끓여 수시로 먹게 하고 물김치에 파인애플을 넣어 소염 작용을 강화했다.

3개월이 넘으면서 몸이 따뜻해지고 땀이 조금씩 나기 시작하면서 경직된 근육이 지난달보다 더 풀리는 느낌이 든다고 했다. 돌출되어 힘들게 만들던 잇몸도 정상으로 돌아오고, 어느 날 입안이 미끄러운 느낌과 함께 침이 더 많이 분비되는 것이 느껴졌다고 했다. 전반적으로 근육이 풀어지면서 체력 또한 점점 더 회복되는 것이 눈에 보였다.

6개월이 지난 지금도 이 환자는 계속 호전되는 중이다. 무엇보다 삶의 희망을 가질 수 있게 된 것을 가장 감사하게 생각하며 열심히 음식 치유를 실천 중이다.

06
화학 호르몬제 대신
음식으로 이겨내다

갱년기 증후군 (52세, 여성)

"수시로 열이 올라 얼굴이 빨개지고, 땀이 났다가도 갑자기 추워지고. 정말 너무 힘들어요."

금년 52세인 이 여성은 1년 전 폐경이 된 이후 이유 없이 마음이 불안하고 초조하며 화가 자주 나 가족과 대화하기조차 싫어졌다고 하소연했다. 체중이 늘어나면서 관절에 통증이 생기고 설상가상으로 골다공증으로 다리 쪽의 혈액 순환이 잘 되지 않아 냉증이 너무 심하여 움직이기도 싫고 사는 게 너무 재미없다면서 우울하다고 상담을 해왔다.

폐경은 여성의 난소 기능이 퇴화되어 여성

호르몬과 황체호르몬 모두 감소함으로써 수태 능력이 없어지는 시기를 뜻하는 말이다. 배란과 생리가 사라지고 노년기로 접어들 때 나타난다.

여자로 태어나서 넘어야 하는 큰 산이 2개 있다고 한다. 첫 번째 산은 출산을 하면서 넘는 산으로, 출산의 고통은 있었지만 사랑하는 가족들의 축복과 격려 속에서 힘들어도 힘든 줄 모르고 넘는다.

이에 반해 두 번째 산은 몸 안의 일꾼도, 주변의 가족도 모두 떠나는 것과 같은 외로움 속에서 홀로 견디고 넘어야 한다. 흡사 가마솥에 있는 물이 졸아 타버리기 직전과 같아서 육체 보다도 정신적으로 더 힘들다. 폐경이 오면 질 건조증, 방광염, 요실금, 유방암, 자궁암, 난소 암 등 유방과 자궁에 질환이 쉽게 생기고, 두 통, 불면증, 어지러움, 부정맥 등을 비롯해 삶 의 의욕을 잃어버리고 심한 우울증으로 고생 하기도 한다.

일반적으로는 갱년기 증상은 여성호르몬 (에스트로겐)과 황체호르몬을 처방하여 완화 할 수 있다. 또 아마씨나 콩, 곡류, 과일 등에 서 추출한 리그난이나 승마, 레드클로버, 하수 오 등에서 추출한 식물성 호르몬과 헤스페리 딘, 황체호르몬크림 등을 병용하면 증상을 경 감할 수 있다.

갱년기 증상이 찾아오면 가슴 펴기 스트레 칭이나 깊은 호흡을 자주 하는 것이 좋다. 심 장은 1분에 70~80번 뛰면서 열이 많이 발생 하는 장기로, 폐 속에 호흡으로 흡입된 공기가 열기를 식힌다.

심장에 쌓인 열이 제대로 발산되지 못하면 가슴 부위를 답답하게 만들고 정신적으로 불 안, 초조해져 화가 자주 난다. **열은 위로 올라 가(상열)** 어깨에 통증을 만들고, 갑상선에 결절 을 일으키기도 한다. 입을 마르게 하고, 눈을

빽빽하게 하여 안구건조증이나 백내장, 시력 약화를 초래하고, 머리로 올라가 두통이나 안 맞는 모자를 쓴 것과 같은 두중감, 불면증, 어 지러움증 등 불편한 증상을 만들어낸다.

양손을 따뜻하게 비벼서 목 주위(경동맥)와 귀 뒤, 얼굴을 자주 마사지하고, 관자놀이 부위 를 수시로 지압하면 혈액 순환이 좋아지면서 증상 호전에 도움이 된다.

또 방석이나 수건 등을 접어서 브래지어끈 이 지나가는 위치 정도에 놓고 누운 다음, 양손 을 배 위로 모아서 숨을 들이마시면서 만세 부 르고, 큰 원을 그리면서 숨을 내뱉고 제자리로 오는 동작을 반복하면 상체에 쌓여 있는 열을 발산시키고 호흡이 깊어져 상체에 나타난 불 편 증상을 개선하는 데 좋다.

복부가 차가워지면 위에 있는 열이 아래로 내 려가기가 어려워진다. 소위 상열하냉의 구조로 순환이 안 되어 무릎이 약해지고 하체가 차가워 지면서 불편한 증상이 찾아온다.

수시로 복부를 찜질하거나 냉온 반신욕 등 을 하여 복부를 따뜻하게 하고, 걷기나 자전거 타기 등 하체 운동을 하여 혈액이 아래까지 잘 순환하도록 전체적으로 열의 균형을 맞추어주 는 것이 좋다.

이 여성 환자에게도 위와 같은 방법을 꾸준히 하게 했다. 화학적인 호르몬제를 먹지 않고 음식만으로 열이 확 달아오르는 증상을 가라앉히고 우울했던 마음까지 변화하며 여러 불편한 증상들이 없어졌다고 한다. 나이가 들어감에 따라 어쩔 수 없이 맞게 되는 신체적, 정신적 변화도 이렇듯 음식 치유를 통해 만족한 생활로 자연스럽게 받아들일 수 있다.

07

갱년기 증후군을
낫게 하는 처방

1. 사과와 당근, 브로콜리(또는 양배추, 케일)를 주스로 만들어 미강 효소액을 혼합하고 식초와 올리브유를 약간 첨가하여 아침에 1잔씩 마신다. 미강에 있는 감마오리자놀이 자율 신경을 조절하여 갱년기 증상을 호전시키고, 브로콜리 등 십자화꽃 식물은 여성호르몬을 안정시키고 비타민 C와 협동하여 상열감을 낮추고 세로토닌 분비를 촉진함으로써 마음을 편하게 한다.

2. 여성호르몬과 유사한 작용을 가진 콩에

바나나와 파래를 넣고 끓여서 믹서로 갈고 체로 걸러 만든 콩국물을 1일 2회 이상 마시면 갱년기 증상 완화와 더불어 골다공증 예방, 혈액 순환, 콜레스테롤 저하, 우울증, 불면 등에 도움이 된다.

3. 민들레 뿌리를 햇볕에 건조시켜 프라이팬에 적당히 볶아 차로 수시로 음용하면 상열감 해소는 물론 칼슘 섭취에도 도움이 된다.

4. 바지락탕이나 바지락 된장국, 브로콜리

바지락 순두부 등과 같이 바지락과 모시조개와 같은 재료로 만든 음식은 갱년기 증상을 완화하는데 도움이 된다.

5. 오징어, 문어, 낙지 등은 피를 만들고 냉증을 제거하며 간 기능 회복에 도움이 되는 타우린 성분이 풍부하므로 여성의 빈혈과 생리 불순, 갱년기 장애를 회복하는 데 효과적이다.

6. 육류나 술, 카페인, 칼로리가 높은 음식은 상열감을 악화시키므로 피하는 것이 좋다.

바나나, 검정콩, 들깨 수프 만들기

재료

참마 75g , 바나나150g, 마른 검정콩 30g, 거피한 들깨가루, 아몬드 30g, 다시마 육수

만드는 법

❶ 마른 검정콩을 충분히 물에
불린다.

❷ 냄비에 다시마 육수 약 800mL
에 불린 콩과 바나나를 넣어 강한
불로 1번 끓이고 난 뒤 중간불로
약 30분 정도 끓인다.

❸ 그런 다음 작게 자른 참마를 넣고
5분 정도 더 끓인 다음 불을 끄고,
적당히 식은 다음 껍질 벗겨낸
아몬드와 함께 믹서로 간다.

❺ 아몬드는 찬물에 10시간 정도
오래 담가 두거나 살짝 1분 정도
끓이면 껍질이 잘 벗겨진다.

❹ 먹을 때 취향에 따라
들깨가루를 적당량
혼합하여 먹는다.

10장

푸드아키텍쳐
(Food Architecture)

01
미세먼지와 음식치유

사회적 이슈는 많은 사람들의 관심과 인식을 바꾼다. 언젠가부터 대기오염, 황사, 미세먼지 등의 용어가 우리 생활 속 깊숙이 들어와 있다. IMF는 전 국민을 경제학자로, 줄기세포 사건은 전 국민을 생명과학자로, 최근의 미세먼지는 전 국민을 환경과학자로 만든다. 기상청은 일기예보에 대기오염 예보가 더해져서 대기환경예보를 전해 주는 시대가 되었다.

신라시대에 '하늘에서 흙비가 내렸다'라고 삼국유사에 기록되어 있는 것을 보면 황사는 어제 오늘의 문제가 아닌 오래 전부터 있어 왔던 것 같다. 황사는 주로 중국 북부나 몽골의 건조한 황토 지대에서 바람에 날려 올라간 미세한 모래 먼지가 대기 중에 퍼져서 하늘을 덮었다가 서서히 강하하는 현상 또는 강하하는 흙먼지를 말한다.

그런 흙먼지가 최근에 더 민감하게 반응하는 이유는 흙먼지(황사)가 급속하게 산업화되고 있는 지역을 거치면서 석탄·석유 등의 화석연료를 태울 때나 공장·자동차 등의 배출가스가 만들어내는 미세먼지(Made in china)와 만나면서 규소(Si), 인(P), 카드뮴(Cd), 니켈

(Ni), 크롬(Cr) 등의 중금속 농도가 증가하고 인체 독성과 암을 유발하는 물질이 포함되어 있기 때문이다.

우리 인체는 일반적으로 외부로부터 이물질(항원)이 들어오면 면역을 담당하는 세포가 이들을 제거하는 작용을 하게 된다. 하지만 미세먼지와 같은 독성을 가진 물질에 노출되면 면역력이 급격히 저하되고 감기, 기도, 기관지염, 폐, 심혈관, 뇌 등 우리 몸의 각 기관에서 염증 반응이 발생되면서 천식, 호흡기, 심혈관계 질환 등이 유발될 수 있다. 특히 미세먼지는 크기가 매우 작아 폐포(肺胞, 허파꽈리)를 통해 혈관에 침투해 염증을 일으킬 수 있는데, 심혈관 질환을 앓고 있는 노인은 미세먼지가 쌓이면 산소 교환이 원활하지 못해 혈관에 손상을 주어 악화되거나 협심증, 뇌졸중으로 이어질 수 있다.

만약, 미세먼지의 농도와 성분이 동일하다면 입자 크기가 작을수록 건강에 해롭다. 같은 농도인 경우 PM 2.5는 PM 10보다 더 넓은 표면적을 갖기 때문에 다른 유해물질들이 더 많이 흡착될 수 있다. 또한 입자 크기가 더 작으므로 기관지에서 다른 인체기관으로 이동할 가능성도 높다.

질병관리본부에 따르면, 미세먼지(PM10) 농도가 10㎍/m3 증가할 때마다 만성 폐쇄성 폐질환(COPD)으로 인한 입원율은 2.7%, 사망률은 1.1% 증가하며, 미세먼지(PM2.5) 농도가 10㎍/m3 증가할 때마다 폐암 발생률이 9% 증가한다고 한다. 세계보건기구(WHO)가 미세먼지를 1군(Group 1) 발암물질로 분류하고 있어 우려가 더욱 크다.

푸드 아키텍처 (Food Architecture)
음식치유를 위한 기준

보이는 듯 보이지 않으면서 건강을 위협하는 미세먼지로부터 우리 몸을 지켜내려면 최소한 다음의 몇 가지 문제를 해결할 수 있어야 한다.

1. 점액질 분비가 잘되어 점막이 튼튼해야 미세먼지를 막아 낼 수 있다.

1) 점막을 강화하는 음식 재료: 미역, 파래 등의 해조류

2) 비타민A와 카로틴류를 함유한 음식 재료: 단호박, 당근, 양배추, 브로콜리, 배(배껍질)

3) 점액질 분비에 도움을 주는 음식 재료: 갯벌음식, 우엉, 연근, 돼지감자, 참마, 느릅나무

2. 충분한 수분 섭취와 더불어 미세 먼지 배출 능력을 좋게 하여야 한다.

1) 호흡기능을 돕고 배출능력을 도와주는 음식 재료 : 무, 대파, 비트, 녹두

2) 호흡기에 수분을 생성시키는 데 도움이 되는 음식 재료 : 오미자, 맥문동, 비타민C

3. 미세먼지로 인체 내 흡수된 중금속을 해독할 수 있어야 한다.

1) 유황성분을 함유한 음식 재료(글루타치온): 무, 대파, 마늘, 양파

2) 해독 능력이 뛰어난 음식 재료 : 북어, 녹두, 검은콩, 콩나물

4. 혈관내로 침투한 염증 유발 물질을 없앨 수 있어야 한다.

1) 항 산화력이 뛰어난 음식 재료: 비타민C,

보리새싹 분말

2) 혈관 내 염증을 제거하는 데 도움이 되는 음식 재료: 수생식물(미나리, 콩나물, 연근)

푸드 파마슈티칼
(Food Pharmaceutical)

1. 재료

1) 청폐수 음식 재료 : 녹두 100g, 무 1kg, 대파 500g, 미나리 500g + 물 5L

2) 점막수프 음식 재료 : 단호박 1, 당근 1. 양배추 1, 양파 1

2. 청폐수 만드는 방법

1) 위 음식 재료를 냄비에 넣고 물 5L가 약 3.5L로 줄어들 때까지 은근한 불로 끓인다.

2) 면역수에 파래분말이나 보리새싹 분말을 적당량 혼합하여 마신다.

3) 면역수 물에 오미자를 넣고 우려 낸 다음 느릅나무 껍질을 넣고 끓여서 먹어도 좋다.

● 녹두는 살짝 볶아서, 대파는 프라이팬에 구워서 쓰면 더 좋다.

3. 점막수프 만드는 방법

1) 수프재료를 동일한 무게로 냄비에 넣는다.

2) 면역수를 재료의 1.2배 정도 넣고 30분 이상 끓인 후에 믹서로 간다.

3) 먹을 때 보리새싹 분말이나 파래분말을 적당량 혼합하여 아침, 저녁으로 식사와 함께 1일 2회 먹는다.

4. 생활습관

1) 충분한 수분 섭취를 한다.

2) 음식은 수분이 많고 따뜻한 음식을 섭취한다.

3) 항산화작용이 큰 신선한 야채와 과일 주스를 많이 먹는다.

4) 해조류를 많이 먹는다.

5) 유황성분을 많이 함유한 무나 대파, 양파 등을 자주 먹으면 좋다.

6) 비타민C 정제를 입에 물고 녹여서 먹으면 좋다.

02

호메오스타시스(항상성)와 뼈 건강에 좋은 음식

백조는 우아하다.

그 눈부신 하얀 깃털

호수에 유영하는 아름다운 자태

너무나 근사하고 아름답다.

그러나

그 우아하고 아름다움을 위해

수 없이 움직이는

물속에 물갈퀴를 아시나요? ~ 중략

성웅 이순신의 탄생은

거북선 안에서 노를 젓던

보이지 않는 수군들의 노력이 있었고

~ 중략

우보 임인규 님이 쓴 '백조의 물갈퀴'라는 시의 일부이다.

프랑스의 생리학자 클로드 베르나르 (Claude Bernard)는 외부환경이 변하더라도 인체의 내부 환경은 변화가 일어나지 않는다는 사실을 발견했다. 그 후 1932년 월터 캐넌 (Walter B. Cannon)은 '호메오스타시스(Homeostasis 항상성)'라는 용어를 만들었고 '생물체 내부환경을 변화시키지 않거나 일정하게 유지하는 것'으로 정의하였다.

얼음물을 먹거나 더운물을 먹거나 여름이나 겨울이나 정상적인 체온 36.5℃를 유지하는 체온관리, 인슐린과 글루카곤의 작용에 의해서 유지되는 혈액 속에 혈당, 혈액의 pH, 혈류량 조절에 의한 혈압조절, 삼투압 등 건강한 생명유지(항상성)에 필수적인 중요한 것들은 물속에서 바삐 움직이는 '백조의 물갈퀴' 같이 자율신경계와 내분비계(호르몬)의 상호협조로 이루어지는 자동조절장치의 제어와 안정화의 바쁜 활동에 의해서 관리되고 있다. 따라서 항상성의 파탄은 질병 또는 죽음으로 통한다.

몽골, 북중국, 시베리아 등 유라시아 대륙 전역에서 날아와 울산 등 남부지역에서 겨울을 보내는 겨울철새 떼까마귀 수천수만 마리가 큰 무리를 이루면서 수원지역에 한 달이 넘도록 머물면서 그들이 배설하는 배설물이 문제가 된 적이 있었다.

조류들은 장기 구조상 소변과 대변을 구분하지 않고 배설하면서 배설물 속에 요산 등이 섞여 나와 산성을 이루기 때문에 배설물이 쇠로 된 외부 구조물들을 부식시키거나 차량에 묻을 경우 시간이 지나면 외관 도장 면이 벗겨질 수 있어서 더 염려되는 문제였다.

떼까마귀는 먹이를 곤충을 비롯한 각종 동물성 먹이와 나무열매·씨앗 등 특히, 벼이삭 등 곡류를 주로 먹는 잡식성 조류로 물고기나 동물만을 먹는 맹금류의 변처럼 산성이 아니고 거의 중성에 가깝다. 따라서 떼까마귀 똥은 우리가 염려하는 만큼 차량의 도색이나 구조물을 부식시키지는 않는다.

조류의 경우 어떤 것을 먹었느냐에 따라 배변의 산도 차이가 나는 것처럼, 우리 인체도 어떤 음식을 먹었느냐에 따라 소변이나 대변 뿐만아니라 건강상태가 결정되는 것은 당연한 이치이다. 채식 또는 육류 중심의 식사가 이루어졌을 때, 각각의 경우 조화롭고 균형 잡힌 건강(호메오스타시스, Homeostasis)을 유지하기 위해서 '백조의 물갈퀴'인 인체의 모든 시스템들이 얼마나 바쁘게 움직이고 있는지 뼈를 중심으로 알아보고자 한다.

뼈는 구조적으로 몸의 형태를 유지하고 내부 장기를 보호하며, 근육을 부착하는 즉, 운동작용의 지렛대 역할을 한다. 생리적으로는 조혈 기관이며 칼슘과 인 등 각종 미네랄의 저장고로, 미네랄의 혈중 농도 유지에 중요한 역할을 한다. 뼈는 대사활동이 정지된 듯이 보이는 단단한 구조로 되어 있지만 끊임없이 소멸되고 생성되는 다이나믹한 구조다. 인체 물갈퀴가 가장 바쁘게 1분 1초도 쉬지 않고 활동하고 있는 곳이기도 하다.

뼈는 칼슘과 인을 중심으로 마그네슘, 불소, 황산염 등 뼈의 단단함과 강도에 절대적인 중요한 역할을 하는 무기질(Inoganic salts)과 뼈의 탄성과 무기질 결정체들이 부착할 수 있는 접합면(matrix)을 제공하는 콜라겐 섬유(Collagenous fiber)와 지질(Ground substance)로 구성되며, 뼈의 생성과 흡수에 관여하는 조골세포(osteoblast)와 파골세포(osteoclast)로 이루어져 있다.

정상인의 경우 전체 뼈질량의 15~20%에 해당하는 700mg 정도의 칼슘이 나가고 들어오는 과정을 통해서 뼈의 리모델링이 이루어진다. 이때 뼈는 운동, 유전적인 요인, 호르몬, 영양상태 등 여러 가지 요인에 의해 영향을 받는데, 특히 우리가 매일 먹는 음식에 의해서 변화되는 산-염기의 균형과 관련성이 중요하다.

생명체의 효소활동과 다양한 화학반응은 인체에 약 70%를 이루고 있는 수분과 혈액의 H^+와 OH^-의 농도에 따라 달라지는 데, 이들 물분자가 인체세포 사이사이 곳곳에서 구조와 기능을 조절한다. 따라서 우리 인체는 산과 염기의 균형을 맞추려는 다양한 장치가 작동되고 있는데 특히, 폐의 호흡계와 신장의 비뇨기계에서의 작용이 대표적이다.

인체 혈액의 상태는 동맥혈로 측정하는 데 pH의 정상치는 7.40 ± 0.04이다. 생체는 혈액의 완충능력, 신장, 폐 등의 대상에 의해서 pH를 정상으로 유지하려 하고 있다. 이 때 완충능력의 핵심은 뼈의 무기질이다. 따라서 뼈의 건강에 산-염기의 항상성은 매우 중요한 영향을 주게 된다. 만약 어떠한 이유로 혈액이 산성화가 되면 정상적인 혈액의 상태를 유지하기 위하여 뼈의 칼슘과 무기질을 방출하면서 뼈의 밀도가 감소하게 된다.

우리가 매일 섭취하는 음식은 당연히 산-염기의 항상성에 영향을 주게 되며 골밀도에도 중요한 요인이 된다. 여러 가지 식품들 중에 육류와 치즈 등은 강한 산성으로 작용하여 신장에 산 부담을 주는 반면 채소나 과일은 신장에 산 부담을 주지 않고 뼈 건강에 유익한 알칼리성을 가지고 있다.

실제로 동물성 단백질과 칼슘 섭취가 상대적으로 높은 미국이나 영국, 핀란드 등은 다른 국가들에 비하여 골다공증환자가 더 많다는 연구 결과는 쉽게 찾아볼 수 있다. 채식을 하지 않은 육류 중심의 고단백 식이로 칼륨에 대한 단백질의 비율(단백질/칼륨)에서 단백질 섭취량이 높을수록 신장에 부담이 되는 산의 비율이 높아진다. 이처럼 체내에서 많은 H^+ 이온을 생성시키게 되면 인체는 뼈에서 산-염기의 완충작용을 위해 계속해서 칼슘을 방출하게 됨으로서 뼈가 약해지게 된다.

육류 단백질에 많이 함유하고 있는 인산도 칼슘 흡수를 방해하는 요인이 되기도 하고, 단백질 자체가 신장의 사구체 여과 속도를 증가시켜 뼈의 손실을 촉진하기도 한다. 따라서 적절한 단백질 섭취와 과일과 채소가 중심된 식이가 오히려 신장에 부담을 줄이고 특히 골다공증을 예방하고 건강한 뼈를 유지하는 데 중요하다고 할 수 있다.

지혜로운 사람은 자신의 몸과 대화를 나누면서 몸에 좋은 식품의 비율을 높여 생체 내에서 1분 1초도 쉬지 않고 움직이고 있는 물갈퀴(자동조절장치의 제어와 안정화)의 일을 도와준다.

푸드 아키텍쳐(Food Architecture) 음식치유를 위한 기준

1. 칼슘 함량과 흡수율이 높은 식품으로 서리태, 두부 등 콩류와 검정 깨, 들깨 등 씨   앗류, 무청, 깻잎, 무말랭이, 표고버섯, 케일, 토란대, 시금치 등 채소류, 미역, 김,   파래, 톳 등 해조류, 아몬드, 땅콩 등 견과류를 비롯하여 북어, 잔멸치, 뱅어포. 새   우 등이 있다.

2. 칼슘은 식초에 의해서 흡수율이 높아진다.

3. 비타민C는 칼슘의 흡수를 높여준다.

4. 칼슘은 마그네슘과 2 대 1의 비율이 되었을 때 흡수율이 높아진다.

5. 건강한 뼈의 기질(matrix)을 위하여 콜라겐이 중요하다

6. 적절한 일광욕으로 소장에서 칼슘 흡수를

돕는 비타민D 생성

7. 운동은 뼈의 밀도를 높여 주므로 골다공증을 예방할 수 있다.

8. 지나친 염분과 카페인 섭취는 칼슘 흡수를 방해할 수 있다.

9. 적당량의 단백질 음식을 먹는 것은 칼슘 흡수를 도와주지만, 단백질 보충제이나 동물성 단백질을 지나치게 많이 먹으면 칼슘 흡수율이 떨어진다.

10. 알코올, 흡연은 골다공증의 위험을 높일 수 있다.

푸드 파마슈티칼

(Food Pharmaceutical)

1. 뼈 건강에 좋은 매트릭스차(Matrix tea) 만드는 방법

재료 : 무말랭이 20g, 대파 2뿌리, 검정콩 30g, 마른표고버섯 5개, 북어머리 3개,

다시마 10cm x 10cm x 2장, 물 2.5L

1) 무말랭이와 대파는 프라이팬에 살짝 구우면 좋다.

2) 검정콩은 그냥 사용해도 되지만, 살짝 볶거나 또는 싹을 틔워서 사용하면 더 좋다.

3) 냄비에 물을 넣고 북어머리를 먼저 20분 이상 끓인다.

4) 여기에 검정콩, 무말랭이, 대파를 넣고 10분 정도 끓인 후에 불을 끈다.

5) 뜨거운 상태에서 다시마를 넣고 약 10분 정도 우려낸다.

6) 약간의 국간장을 섞어서 차(茶)처럼 수시로 마시면 좋다.

* 유황성분을 많이 함유하고 있는 무, 대파 등과 북어(콜라겐)가 융합되면 콜라겐이 잘 만들어진다.

2. 초콩 만드는 방법

재료 : 서리태, 발효식초(현미식초, 감식초, 흑초 등)

1) 서리태콩을 흐르는 물에 깨끗이 씻어준다.

2) 물기를 제거한 뒤 프라이팬에서 말리듯이 살짝 볶아서 사용하면 콩 비린내가 없어진다.

3) 세척된(알코올 소독) 유리병에 서리태를 담는다.

콩이 식초에 불어 커지므로 공간 여유가 있는 병을 사용한다.

4) 콩과 식초를 1 대 2 또는 1 대 3 비율로 넣는다.

5) 콩이 불어 식초를 모두 흡수하면 식초를 추가로 반복해서 더 붓는다.

6) 7~10일 정도 직사광선을 피해 숙성시켜 주면 초콩이 완성된다.

7) 식후 20~30알 정도씩 먹는다.

8) 초콩을 과일(오렌지, 귤, 사과 등)과 아몬드, 들깨(또는 참깨) 함께 넣고 갈아서 먹으면 더 좋다.

참고문헌

1 『우리집 주치의 자연의학』이경원 지음, 동아일보사
2 『불로장생 탑시크릿』신야 히로미 지음, 황선종 옮김, 맥스미디어
3 『인체기행』권오길 지음, 지성사
4 『유카의 해독요리』이와사키 유카 지음, 에디터
5 『면역력 슈퍼 처방전』아보 토오루, 이시하라 유우미, 후쿠다 미노루 지음, 김영사
6 『병 안 걸리는 장 건강법』신야 히로미, 이사자와 야스에 지음, 나지윤 옮김, 살림LIFE
7 『만성피로 해결사 부신을 고치자』김상만 지음, 건강다이제스트사
8 『알레르기 아토피를 해결하는 장 건강법』후지타 고이치로 지음, 장민주 옮김, 아주좋은날
9 『아토피 희망보고서』김정진 지음, 동아일보사
10 『세포를 알면 건강이 보인다』김상원 지음, 상상나무
11 『효소가 생명을 좌우한다』쓰루미 다카후미 지음, 남원우 옮김, BMBOOKS
12 『효소영양학개론』애드워드 하웰 지음, 김기태 외 옮김, 한림원
13 『비타민 위대한 밥상』한영실 지음, 현암사
14 『천연간수와 천일염』반봉찬 지음, 홍익재
15 『심혈관 질환, 이젠 NO』루이스 이그나로 지음, 정헌택 옮김, 푸른솔
16 『암 체질을 바꾸는 기적의 식습관』와타요 다카호 지음, 신유희 옮김, 위즈덤스타일
17 『하루 2리터 습관』와타요 다카호 지음, 유인경 옮김, 동아일보사
18 『밥상의 미래』조엘 펄먼 지음, 제효영 옮김, 다온북스
19 『약이 되는 음식』김봉찬 지음, 삼성출판사
20 『최고의 암식사 가이드』노성훈, 세브란스병원 영양팀 외1 지음, 비타북스
21 『자연요법 원리와 영양치료 처방집』Phyllis A. Balch 지음, 곽재욱 옮김, 언두출판사
22 『암을 이기는 한국인의 음식 54가지』박건영 외 3명 지음, 연합뉴스
23 『암 억제 식품사전』니시노 호요쿠 편저, 최현숙 옮김, 전나무숲
24 『파티오 유진의 오가닉 식탁』황유진 지음, 조선앤북
25 『만성질환 식이요법 대가』Winnie Yu 지음, 유진희 옮김, 대가
26 『24시 약사』수지 코엔 지음, 조원익 옮김, 조윤커뮤니케이션
27 『피플스 파마시 최고의 치료법』조 그레이든, 테레사 그레이 지음, 양병찬 옮김, 조윤커뮤니케이션
28 『파워푸드 슈퍼푸드』박명윤, 이건순 외1명 저, 푸른행복
29 『추상한의학』임진석 편저, 대성의학사
30 『주역의 과학과 도』이성환, 김기현 공저, 정신세계사
31 『음양이 뭐지?』어윤형 전창선 지음, 와이겔리
32 『오행은 뭘까?』어윤형 전창선 지음, 와이겔리
33 『식탁 위의 비타민 미네랄 사전』최현석 지음, 지성사
34 『착한 비타민 똑똑한 미네랄 제대로 알고 먹기』이승남 지음, 리스컴
35 『질병별 맞춤 식이요법 이럴 땐 뭘 먹지?』박영순 지음, 중앙생활사
36 『면역 혁명』아보 토오루 지음, 이정환 옮김, 부광
38 『한상준의 식초독립』한상준 지음, 헬스레터
39 『발효식초빚기』백용규 지음, 헬스레터
40 『내 몸을 살리는 천연식초』구관모 지음, 국일미디어
41 『유방암을 이기는 참 좋은 음식』한국유방암학회 지음, 한국유방암학회
42 『청국장 100세 건강법』홍영재 지음, 서울문화사
43 『황세란의 유인균 발효』황세란 지음, 예문사
44 『황세란의 유인균발효식초』황세란, 최원식 외1명 지음, 예문사
45 『기적의 야채스프』최현 지음, 다문
46 『통속한의학 원론』조헌영 지음, 윤구병 주해, 학원사
47 『질병을 치료하는 식생활 상, 하』송숙자 이숙연, KPH-BOOKS
48 『안현필의 건강교실 1, 2, 3』안현필 지음, 건강다이제스트사
49 『복뇌력』이여명 지음, 쌤앤파커스
50 『제2의 뇌』마이클D. 거슨 지음, 김홍표 옮김, 지식을만드는지식
51 『희망의 힘』제롬 그루프먼 지음, 이문희 옮김, 넥서스BOOKS
52 『당질영양소』김상태 지음, 월드북